本书受国家自然科学基金青年基金项目"工件允许重启的在线排序研究"（11701148）、河南工程学院博士基金项目（D2016017）资助

平行批处理机生产模型的高效加工计划研究

RESEARCH OF HIGHLY EFFECTIVE PRODUCTION PLANS
FOR MODELS ON PARALLEL BATCH PROCESSING MACHINES

刘海玲 ○ 著

西南财经大学出版社
Southwestern University of Finance & Economics Press
中国·成都

图书在版编目(CIP)数据

平行批处理机生产模型的高效加工计划研究/刘海玲著．—成都:西南财经大学出版社,2022.6

ISBN 978-7-5504-5380-7

Ⅰ.①平⋯ Ⅱ.①刘⋯ Ⅲ.①处理机管理—生产管理—经济模型—研究 Ⅳ.①TP316

中国版本图书馆 CIP 数据核字(2022)第 101835 号

平行批处理机生产模型的高效加工计划研究

PINGXING PI CHULI JI SHENGCHAN MOXING DE GAOXIAO JIAGONG JIHUA YANJIU

刘海玲　著

责任编辑:植苗
责任校对:廖韧
封面设计:何东琳设计工作室
责任印制:朱曼丽

出版发行	西南财经大学出版社(四川省成都市光华村街55号)
网　址	http://cbs.swufe.edu.cn
电子邮件	bookcj@swufe.edu.cn
邮政编码	610074
电　话	028-87353785
照　排	四川胜翔数码印务设计有限公司
印　刷	郫县犀浦印刷厂
成品尺寸	170mm×240mm
印　张	7.5
字　数	143 千字
版　次	2022 年 6 月第 1 版
印　次	2022 年 6 月第 1 次印刷
书　号	ISBN 978-7-5504-5380-7
定　价	58.00 元

前　言

在工业生产及管理中往往需要制订效率较高的生产计划和物流计划，而生产计划和物流计划与优化问题以及排序论密切相关。排序就是分配有限的资源于时间区间去完成若干任务，使得一个或多个指标达到理想值或最优值。排序论是运筹学和组合优化的一个重要分支，被广泛应用于解决工业制造、公共事业管理、物流运输管理、计算机科学等多领域出现的实际问题。排序论是数学、管理工程、计算机相交叉的学科，主要针对实际问题分析其复杂性，设计有效的算法，并根据算法得到较好的排序结果（生产计划）。

在现实生活和生产中，供应链是非常重要的，其中包含了生产计划和运输计划的安排，属于排序论的研究范畴。其他如计算机的进程调度也属于排序论的研究范畴。在机场，由于各种原因，飞机经常发生不能按时起飞和降落的情况，这时候如何安排飞机在有限的登机门停留，也是一个排序问题。我们可将登机门看成机器，将飞机看成待处理的任务。医疗系统中的手术时间往往具有不确定性，如何将病人合理地安排在有限的手术室，这也是排序问题。我们可将手术室看成资源或机器，将病人看成待安排的任务。

本书主要研究工件允许重启的在线排序问题。这里的"重启"指的是：我们可以中断正在加工的工件或工件批，中断加工的工件被重新释放出来（中断前对该工件的加工作废），以后再重新安排加工。允许工件重启，使得我们可以根据新到工件的信息对之前已经生成的排序进行修正，所以通常可以得到更好的排序（生产计划），即使得在线算法的性能更好。

本书共分为五章，具体内容如下：

第 1 章主要介绍排序论的相关知识和研究背景，其中包括排序论概述、算法和计算复杂性、排序的相关知识及进展。

第 2 章研究了等长工件在 m 台容量无界的平行批处理机上加工的在线排

序问题，其中工件允许有限重启，目标函数是最小化最大完工时间。该问题用三参数法可表示为 $Pm \mid online$, r_j, $p_j = 1$, $p\text{-}batch$, $b = +\infty$, $L\text{-}restart \mid C_{\max}$。对于该问题，我们证明了问题的下界是 $1 + \alpha_m$，并设计出了一个竞争比为 $1 + \alpha_m$ 的最好可能的在线算法。不同于已有文献中的竞争比的显式表达式，这里的 $1 + \alpha_m$ 是由一个算法确定的，且与机器台数 m 有关。

第 3 章研究了等长工件在一台容量有限的平行批处理机加工，目标函数是最小化最大完工时间，工件允许有限重启的在线排序问题，即在线排序问题 $1 \mid online$, r_j, $p_j = 1$, $p\text{-}batch$, $b < +\infty$, $L\text{-}restart \mid C_{\max}$。我们令 α 是方程 $(1+x)(2x^2+4x+1) = 3$ 的正实根，β 是方程 $x(1+x)^2 = 1$ 的正实根。当批容量为 2 时，我们证明了问题竞争比的下界是 $1 + \alpha$，并给出了竞争比为 $1 + \alpha$ 的最好可能的在线算法；当批容量大于等于 3 时，我们证明了问题竞争比的下界是 $1 + \beta$，并给出了竞争比为 $1 + \beta$ 的最好可能的在线算法。

第 4 章主要研究了等长工件在一台容量有限的平行批处理机加工，目标函数是最小化最大完工时间，工件允许重启的在线排序问题，即在线排序问题 $1 \mid online$, r_j, $p_j = 1$, $p\text{-}batch$, $b < +\infty$, $restart \mid C_{\max}$。注意此时对重启的次数没有限制。令 γ 是方程 $x(x+1)(2x+3) = 2$ 的正实根，φ 是方程 $x(x+1)(2x+1) = 1$ 的正实根。当批容量为 2 时，我们证明了第 3 章中允许有限重启时批容量为 2 的情形的最好可能的在线算法，也是此问题的竞争比为 $1 + \beta$ 的最好可能的在线算法；当批容量为 3 时，我们证明了问题竞争比的下界是 $1 + \gamma$，并给出了竞争比为 $1 + \gamma$ 的最好可能的在线算法；当批容量大于等于 4 时，我们证明了问题竞争比的下界是 $1 + \varphi$，并给出竞争比为 $1 + \varphi$ 的最好可能的在线算法。同时，我们在本章的最后借助工件允许重启时的算法解决了工件允许 k-有限重启（每个工件最多可重启 k 次，其中 k 是大于等于 2 的任意给定的正整数）的在线排序问题。

第 5 章研究了等长工件在一台容量有限的平行批处理机加工，加工时允许有限重启，加工完要运输到目的地，目标函数是最小化最大运输完工时间的在线排序问题。即带有运输的问题 $1 \mid online$, r_j, $p_j = 1$, q_j, $p\text{-}batch$, $b < +\infty$, $L\text{-}restart \mid L_{\max}$，这里 $L_{\max}$ 指最大运输完工时间，也是最终送达时间，即 $L_{\max} = \max\limits_{1 \leqslant j \leqslant n} \{L_j\} = \max\limits_{1 \leqslant j \leqslant n} \{C_j + q_j\}$。令 α 是方程 $2x(1+x) = 1$ 的正实根，β 是方程 $x(1+x)^2 = 1$ 的正实根。当批容量为 2 时，我们给出了竞争比为 $1 + \alpha$ 的最好可能的在线算法；当批容量大于 2 时，我们给出了竞争比为 $1 + \beta$ 的最好可能的在线算法。

综上所述，在工业生产和供应链的管理中，设计高效的生产计划和运输计划非常重要，有助于提高生产效率和节约成本。而将组合最优化和排序论的知识应用于生产和运输中，通过设计较好的算法，就可以得到较好的排序，即高效的生产计划。随着生产力的发展和经济水平的提高，排序理论的应用对提高工作效率、资源配置与优化等方面的作用越来越明显。

本书的内容兼具理论性和实用性，既解决了实际问题，又从理论上保证了算法得到的生产计划是高效和节约成本的。在生产过程中会有层出不穷的新问题出现，这些问题的出现需要我们建立新的排序模型来进行分析和解决。如近年来广泛研究的可拒绝排序问题、带有退化效应的排序问题、多目标排序问题、多代理排序问题等，就是从实际问题中提取出来的。今后我们要多从生产管理中提取有价值的排序问题，借助数学、管理工程、计算机领域的知识，为问题设计更好的算法，从而得到高效的生产计划。

由于笔者水平有限，编写经验不足，加之时间仓促，书中难免会存在疏忽和错漏，恳请广大读者批评指正。

刘海玲

2022 年 6 月

目　录

平行批处理机生产模型的高效加工计划研究

1 绪论

1.1 排序论概述

排序论（scheduling）是运筹学和组合优化的一个重要分支，具有很强的应用性和丰富的理论性。排序问题的实质是在一定的资源限制下如何更好地安排和完成相应的任务，使得我们期望的效益或目标能达到最优值或理想值。在我们的现实生活中，很多实际问题都可以转化为排序问题来研究。排序论最初是为了解决工业制造领域的机器加工优化问题而提出来的。经过几十年的发展，排序论已融合于离散数学、组合最优化、运筹学、理论计算机科学、管理科学等多学科交叉领域，也日益广泛地应用于解决工业制造、公共事业管理、物流运输管理、计算机科学等多领域出现的实际问题。同时，大量具有实际应用背景的新问题不断涌现，为排序论提供了更为广阔的研究空间。排序论方面的研究，可参考 Brucker[1] 编著的 *Scheduling Algorithms*，Pinedo[2] 编著的 *Scheduling：Theory，Algorithms and Systems*，唐恒永和赵传立[3] 编著的《排序引论》以及唐国春等人[4] 编著的《现代排序论》等。

在排序问题中，需要完成的任务被称为"工件"（job），完成任务所需占用的资源被称为"机器"（machine）。我们研究排序问题的目的就是要找到一个可行的排序（schedule），即如何将工件在机器上进行合理的安排和加工，以促使我们期望的目标达到最优值或理想值。这里的"可行"

是指我们寻求的排序需要满足机器以及问题本身的各种约束条件。在实际生活中，待运输的乘客、待安排的手术、即将降落或起飞的飞机等都可被视为工件，而用来运输乘客的交通工具、可用的手术室、可用的机场跑道等都可被视为机器。在不同的排序问题中我们想要实现的目标也会有所不同，可以是单目标排序，如最大完工时间最早或者是最终的运输完成时间最早，又或者是成本最低等。此外，排序论也研究多目标最优化问题，就是要兼顾多个目标函数的要求，而最终的目标函数将是多个目标函数的不同组合方式，这时我们所设计的排序就是一个折中的排序。

对于一个排序问题，我们通常用三参数法来表示，也就是 $\alpha|\beta|\gamma$ 的形式。其中，α 表示机器环境，β 表示工件特征和排序的一些限制条件，γ 表示目标函数。下面，我们具体介绍一下三个参数在排序论中的具体含义。

1.1.1 α 域

（1）1（single machine）：单台机器，即加工的机器只有一台。

（2）Pm（identical parallel machine）：m 台恒同平行机，即这 m 台机器完全相同，工件可在任何一台机器上加工。

（3）Qm（parallel machines with different speeds）：m 台一致机，即工件可在任何一台机器上加工，每台机器有固定的加工速度，但这些机器的加工速度可能不同。我们以两台机器为例：第一台机器的加工速度为 1；第二台机器的加工速度为 s（$s \geqslant 1$）。当工件的加工时间为 p 时，它在第一台机器加工所需的时间为 $p/1 = p$，它在第二台机器加工所需的时间为 p/s。

（4）Rm（unrelated machines in parallel）：m 台无关机，此类机器随加工工件的不同而加工速度也不同。因此，工件所需加工时间一般是二维矩阵形式，如一般用 p_{ij} 表示第 i 个工件在第 j 台机器上加工所需的时间。

（5）Fm（flow shop）：m 台流水作业机器。其中，每个工件有多道工序，每台机器上可完成一道工序，所有工件要遵循工序的顺序，即每个工件加工机器的先后顺序是一样的。

（6）Om（open shop）：m 台自由作业机器。其中，每个工件在不同机器上的加工次序是任意的。

（7）Jm（job shop）：m 台异序作业机器，即每个工件以各自特定的机器次序进行加工。

上面的 m 代表了机器的台数，是一个固定的正整数。若 m 不出现时，则表示机器台数是任意的。

1.1.2 β 域

（1）J_1，…，J_n：n 个工件。

（2）r_j：工件 J_j 的到达时间。

（3）p_j：工件 J_j 的加工时间。

（4）d_j：工件 J_j 的完工期限。若工件 J_j 的完工时间大于 d_j，则被称为"J_j 误工"。

（5）w_j：工件 J_j 的权重。不同的权重体现了工件的不同重要性，在极小化目标函数的问题中，权重越大的工件越重要，其对目标函数的影响也越大。

（6）q_j：工件 J_j 的运输时间，即工件 J_j 加工完后从工厂运输到目的地的时间。

（7）online，r_j：工件是在线实时（online over time）到达的，即事先不知道什么工件到，每个工件有到达时间，当工件到达时才知道它的加工时间等信息。

（8）p-batch，$b=+\infty$：工件可以平行分批加工，且每批的容量 b 是无限的，即每批可以同时加工的工件个数没有限制。

（9）p-batch，$b<+\infty$：工件可以平行分批加工，且每批的容量 b 是有限的，即每批可以同时加工的工件个数不能超过 b。

（10）pmtn：加工过程中工件允许中断。工件被中断后，未加工完的部分可以在之后再加工完成。

（11）restart：加工过程中工件允许重启，即加工过程中工件允许中断，且中断了之后被中断工件已做的工作就失效了，以后再加工该工件要从头开始。

（12）limited restart：每个工件最多允许重启一次。

1.1.3 γ 域

（1）C_j：工件 J_j 的完工时间。

（2）$C_{\max} = \max\limits_{1 \leqslant j \leqslant n} \{C_j\}$：所有工件的最大完工时间，也称"时间表长"（makespan）。

（3）$\sum C_j = \sum\limits_{j=1}^{n} C_j$：所有工件的完工时间和。

（4）U_j：工件 J_j 的误工计数。当工件 J_j 的完工时间大于它的工期时，则 $U_j = 1$；当工件 J_j 的完工时间小于或等于它的工期时，则 $U_j = 0$。

（5）$\sum U_j = \sum\limits_{j=1}^{n} U_j$：总误工工件数，即误工工件的总数。

（6）T_j：工件 J_j 的误工时间，其中 $T_j = \max\{C_j - d_j, 0\}$。

（7）$\sum T_j = \sum\limits_{j=1}^{n} T_j$：所有工件的误工时间和。

（8）E_j：工件 J_j 提前完工的时间。其中，$E_j = \max\{d_j - C_j, 0\}$。

（9）$\sum E_j = \sum\limits_{j=1}^{n} E_j$：所有工件的提前完工时间和。

（10）$\sum w_j C_j$：工件的加权完工时间和。

（11）$\sum w_j U_j$：加权误工工件总数。

（12）$\sum w_j T_j$：加权误工时间和。

（13）$\sum w_j E_j$：加权提前完工时间和。

对于一个排序问题，我们要先确定该问题的计算复杂性，从而得知该问题的难易程度。进一步讲，我们需要设计相应的算法并进行算法的分析，以确定算法的好坏和运行效率等。下面，我们介绍一下关于算法和计算复杂性的相关知识。

1.2 算法和计算复杂性

1.2.1 算法的时间界

给定一个算法，它所需的运行时间与输入实例的规模和算法本身有关。给定一个实例 I，它的输入长度 $|I|$ 指的是它在计算机中所占用的内存单元数，一般我们用输入长度刻画实例的规模。而算法作用于实例 I 所需的运算时间是指其中使用的基本算术运算（加、减、乘、除、比较）的次数。一个算法的时间界表示为输入长度 $|I|$ 的函数 $f(|I|)$，指的是对于所有输入长度为 $|I|$ 的实例，算法在最坏情况下所需的运行时间。令 $n = |I|$，若一个算法的时间界为 $f(n) = O(n^k)$，这里 k 为确定的正整数，则该算法称为"多项式时间算法"。多项式时间算法也称为"好算法"或者"有效算法"，它是相对于二元编码而言的，而一元编码下多项式时间算法称为"拟多项式时间算法"（pseudo-polynomial-time algorithm）。

1.2.2 P 问题与 NP 问题

判定问题指的是需要用"yes"或"no"来回答的问题。P 问题是指存在多项式时间算法的判定问题。如果对于一个判定问题 P 的任何一个回答为"yes"的实例 I，存在一个可在多项式时间内验证该答案的证据，就称该判定问题为 NP 问题，或者说该判定问题在 NP 类中。根据定义很明显可知 P 包含于 NP。P 是否等于 NP 是一个悬而未决的数学难题，但人们普遍认为 $P \neq$ NP。

1.2.3 多项式时间转换

假设 P_1 和 P_2 是两个判定问题。如果对于 P_1 的任何实例 I_1 都能在关于 $|I_1|$ 的多项式 $g(|I_1|)$ 的时间内构造出 P_2 的一个实例 I_2，使得 I_1 是 P_1 的一个"yes"实例，当且仅当 I_2 是 P_2 的一个"yes"实例，则我们称 P_1 能在多

项式时间内转换为P_2，记为$P_1 \propto P_2$。假如P_1能在多项式时间内转换为P_2，那么P_2至少不会比P_1更容易，且如果P_2有一个多项式时间算法，则P_1一定也有一个多项式时间算法。

1.2.4　NP-完全问题

对于一个给定的判定问题P，当满足如下两个条件，则称该问题P为NP-完全问题（NP-complete）：条件一，NP 类中的所有问题都可以在多项式时间内转换到P；条件二，$P \in$ NP。NP-完全问题是 NP 类中最难的问题。如果存在一个 NP-完全问题可以在多项式时间内求解，那么所有的NP 类中的问题都有多项式时间算法，从而$P =$ NP。因此，除非$P =$ NP，NP-完全问题没有多项式时间算法。1971 年加拿大数学家 Cook 证明了第一个 NP-完全问题：适定性问题。如今，相关领域已经有包括三维匹配问题、划分问题、顶点覆盖问题、团问题等多个基本的 NP-完全问题。NP-完全问题分为一般意义下的 NP-完全问题和强 NP-完全问题（strongly NP-complete）。对于一个 NP-完全问题，若存在着一个多项式函数g，使得它的输入实例中出现的最大参数 number（I）$\leqslant g$（$|I|$）时，仍为 NP-完全的，称该问题为强 NP-完全的。

1.2.5　NP-困难问题

如果一个最优化问题的判定形式是 NP-完全问题，则称该问题为 NP-困难问题（NP-hard）。为了证明某个排序问题是 NP-困难的，我们只需证明它的判定形式是 NP-完全的。为此，我们常用"2-划分"问题、奇偶划分问题、背包问题和"3-划分"问题等已有的 NP-完全问题进行归结。由 Garey 和 Johnson[5]可知前三个问题是一般意义下的 NP-完全问题，最后一个问题是强 NP-完全问题。

对于一些较为困难的问题，如 NP-完全问题和 NP-困难问题，设计合理的易于运行的近似算法也十分必要。为此，我们要对近似算法的好坏进行理论分析，主要是要分析出算法执行中出现的最差结果。

1.2.6 近似算法分析

设 P 是一个最小化单一目标的离线排序问题，A 是一个给定的近似算法。若对于该问题的任意一个实例 I，算法 A 得到的目标值 $A(I)$ 与最优目标值 opt (I) 都满足 $A(I) \leqslant \rho. \text{opt}(I)$，则我们说算法 A 是排序问题一个 ρ-近似的算法。其中，ρ 的下确界也可称为算法 A 的近似比、执行比或最差情形比。当算法 A 的近似比 ρ 越小，或者与 1 越接近，说明算法的性能越好。

设 P 是一个最小化单一目标的在线排序问题，A 是一个给定的近似算法。若对于该问题的任意一个实例 I，算法 A 得到的目标值 $A(I)$ 与最优离线排序的目标值 opt (I) 都满足 $A(I) \leqslant \rho. \text{opt}(I)$，则我们说算法 A 是一个 ρ-近似的算法。其中，ρ 的下确界也可称为算法 A 的竞争比。当算法 A 的竞争比 ρ 越小或者与 1 越接近，说明算法的性能越好。

极小化单一目标的在线排序问题的下界指的是任意一个在线算法的竞争比都不会好于这个值，或者说都不会小于这个值。因此，如果能说明我们设计的算法达到了问题的下界，那就是说我们的算法是竞争比最小的在线算法，也就是最好可能的在线算法。

设 P 是一个最小化单一目标的离线排序问题，如果算法族 A_ε 满足对于任意给定的 $\varepsilon>0$，A_ε 是多项式时间的且是问题 P 的 $(1+\varepsilon)$-近似的算法，那么我们称算法族 A_ε 是该排序问题的一个多项式时间近似方案（polynomial time approximation scheme，PTAS）。进一步讲，当算法 A_ε 的运行时间也是关于实例规模 $|I|$ 和 $1/\varepsilon$ 的一个输入多项式时，则称 A_ε 是问题 P 的一个全多项式时间近似方案，简记为"FPTAS"（fully polynomial time approximation scheme）。

1.3 排序的相关知识及进展

1.3.1 离线排序与在线排序

在经典排序中，我们通常假设人们预先知道工件的所有信息，包括工

件的到达时间、加工时间、工期等，这样的排序称为"离线排序"。在离线排序中有很多经典的多项式时间算法，如 m 台同型机上工件的到达时间相同的以最小化最大完工时间为目标函数的排序问题，LPT 算法是该问题的经典算法，LPT 算法即把工件按加工时间从大到小排列，然后依次序把它们安排在能使其最早完工的机器上加工。LPT 算法的核心思想是先排大工件，避免最后排大工件时出现某台机器完工时间过长的情形。LPT 算法的最差情形比为 $[4/3-1/(3m)]$。而 m 台同型机上工件的到达时间相同的以极小化完工时间和为目标函数的排序问题，SPT 算法是该问题的最优算法。SPT 算法即把工件按加工时间从小到大排列，然后依次序把它们安排在能使其最早完工的机器上加工。SPT 算法的思想很容易理解，即先排小工件，避免先排大工件造成的后续工件完工时间过大问题。对于单机上工件有相同的到达时间且目标函数是最小化总的加权完工时间和的在线排序问题，Smith[6] 给出了一个多项式时间的最优算法 WSPT 序（把所有工件按照 p_j/w_j 从小到大的顺序加工）。而当工件的到达时间任意时，该问题是强 NP-困难的。WSPT 序的算法思想很容易理解，即权重较大的工件要往前排，避免出现权重较大的工件完工时间也较大；而加工时间较大的工件要往后排，避免出现很多工件完工时间较大这一情况。故总体思路是：加工时间较小和权重较大的工件往前排，也即按 p_j/w_j 从小到大的顺序加工。对于单机以最小化最大延迟为目标的排序问题，Jackson[7] 提出了算法 EDD 序（所有工件按照工期从小到大的顺序来加工）。EDD 序的思想类似于贪婪算法的思想，即工期较短的工件排在前面，工期较大的工件排在后面。对于两台机器上以最小化最大完工时间为目标的流水作业排序问题 $F2\|Cmax$，Johnson 算法是最优算法。Johnson 算法的思想是两台机器上工件的加工顺序一样，该顺序是：先将第一道工序加工时间比第二道工序加工时间小的工件按第一道工序加工时间从小到大排，再将第一道工序加工时间不小于第二道工序加工时间的工件按第二道工序加工时间从大到小排。对于单机上工件有相同到达时间的目标是最小化最大运输完工时间的问题 $1\|L_{max}$（在本书中 L_{max} 指的是工件的最大运输完工时间，也是最终送达

时间，即 $L_{\max} = \max_{1 \leqslant j \leqslant n} \{ L_j \} = \max_{1 \leqslant j \leqslant n} \{ C_j + q_j \}$ ），LDT 算法（每次在可选的工件中选择运输时间最长的工件加工）是一个最优算法。对于单机上工件有任意到达时间的目标是最小化最大运输完工时间的问题 $1 \mid r_j \mid L_{\max}$，Kise 等[8]证明了 LDT 算法是 2-竞争的；而 Lawler 等[9]证明了该问题是强 NP-困难的。Hall 和 Shmoys[10,11]先后给出了两个 PTAS，时间界分别是

$$O\left[\left(\frac{n}{\epsilon} \right)^{O(\frac{1}{\epsilon})} \right] \text{和} O\left[n\log n + n \left(\frac{1}{\epsilon} \right)^{O(\frac{1}{\epsilon^2})} \right]。\text{Mastrolilli} {}^{[12]} 给出了一个改进$$

PTAS，时间界是 $O\left[n + \left(\frac{1}{\epsilon} \right)^{O(\frac{1}{\epsilon})} \right]$。带有运输的排序问题属于供应链的范畴。供应链包含了生产和运输的过程。运输过程也有不同的情况。一部分的研究是集中于考虑运输工具的数量和容量，包括工件的尺寸等。如 Chang 和 Lee[13]研究了工件在单台机器上加工，最后要运到单个顾客处的排序问题，其中运输工具的数量是 1，容量是 z，目标函数是最小化最大运输完工时间。他们证明了整个问题是强 NP-困难的，并给出了竞争比为 5/3 的近似算法。该近似算法的核心思想是工件先根据尺寸按 FFD 规则（将工件按尺寸大小从大到小排，将第一个工件放在第一个批中，后面的工件依次放在能容纳它的序号最小的批中，否则就开一个新的批将该工件放进去）进行分批，之后计算每一批的工件加工时间之和作为该批的加工时间；将各批按加工时间从小到大排，当机器空闲时先加工编号较小的批，运输时每次运一个批，若有多个批等待运输，则运编号较小的批。同时，他们还研究了有两个顾客的情况，并对这个问题给出了竞争比为 2 的启发式算法。这时候分批就更复杂了，有的批中只有运到顾客 1 处的工件，有的批中只有运到顾客 2 处的工件，有的批中既有运到顾客 1 处的工件又有运到顾客 2 处的工件。Zhong 等[14]对单台机器、单个顾客、单个容量是 z 的运输工具的目标函数是最小化最大运输完工时间的问题也进行了研究，并给出了一个最好可能的性能比能任意接近 3/2 的近似算法。同时，对于两台机器上的相应问题，他们也给出了竞争比为 5/3 的近似算法。一种情况是研究带有运输路线的排序问题，即顾客分布在一个图的不同顶点处，

其中最简单的情况是所有顾客处于一条直线上，这类问题的难度较大；另一种情况是研究运输工具数量足够多的情况，这种情况下，一个工件加工完就可以直接运走，也就是每个工件的运输完工的时间就等于其在机器上的完工时间加上需要的运输时间。

在线排序是对经典排序的突破，因为在实际生活中，大多数情况下我们很难提前获知何时会有什么样的工件需要加工，在线排序则是在不预先知道工件的所有信息的情况下进行排序的。在线排序中工件的信息是逐步释放的。本书研究的在线排序是工件有到达时间，且当工件出现时它的所有信息就知道了。在线排序分为多种类型，我们常见的在线排序模型主要有两种类型，即时间在线（online over time）排序和列表在线（online over list）排序。

1.3.1.1 时间在线排序

该模型中的每个工件都有到达时间。工件按时间到达且到达后工件的所有信息就知道了。对于这种在线排序，因为不知道未来到达工件的信息，在排序时进行一定程度的等待是常用的策略。本书即主要研究时间在线排序问题。

在线排序问题算法的特点就是每个决策时刻（工件到达时刻或机器空闲时刻）决策者都要考虑选择加工现有工件（批）或延迟加工现有工件（批）对目标函数值的影响。我们一般可采用贪婪法、延迟法、倍数法、动态规划法等方法（或者将这些方法结合起来）设计可行的在线算法。例如，延迟算法被广泛地应用于在线算法的设计之中，特别是批处理机上的在线排序问题。其原因是对于当前到达的工件立即安排加工并不是好的策略，进行适度等待后可以将更多的工件安排到同一批中加工，有利于工件的提早完工。而延迟算法设计的困境则在于如何设置合理的等待策略，以使得即使在"该等待时未等，不该等待时等了"的情况发生时算法的性能仍不至于太差。通常情况下，延迟算法的适当延迟加工要保证延迟后得到的目标值与不延迟得到的目标值的比值不能超过算法的预计竞争比。

我们分析一个在线算法的性能通常从两方面入手：一是通过考察排序

问题离线最优解的结构特征寻求离线最优值的一个紧的下界，其技术要点在于对离线最优排序的局部特征和整体特征的综合分析；二是首先通过分析在线算法可能发生的所有情形，估计在线算法目标函数值紧的上界，其次结合离线最优值的分析最终得到算法的竞争比的估值。

时间在线排序问题有丰富的研究结果。对于 m 台同型机上目标是最小化最大完工时间的在线排序问题 $Pm \,|\, online, \, r_j \,|\, C_{max}$，Chen 等[15]证明了 LPT 算法是 1.5-竞争的。之后，Noga 和 Seiden[16]对 $m = 2$ 的情形给出了竞争比为 $\dfrac{(5-\sqrt{5})}{2} \approx 1.382$ 的最好可能的确定性在线算法，即 Sleepy 算法。Sleepy 算法的核心思想是当一台机器是空闲并且有待排的工件时，这台机器也可能疲劳，除非满足 $t \geqslant s_j + \alpha p_j$，才会从当前可用工件中选择加工时间最大的工件加工。这里 s_j 和 p_j 分别是 t 时刻时另一台机器正在加工工件的开始加工时间和加工时间，而 $\alpha = \dfrac{(3-\sqrt{5})}{2}$。

对于一台机器上目标是最小化完工时间和的在线排序问题 $1 \,|\, online, \, r_j \,|\, \sum C_j$，Hoogeveen 和 Vestjens[17]以及 Phillips 等[18]给出了不同的竞争比为 2 的最好可能的在线算法。Lu 等[19]给出了一类竞争比为 2 的最好可能的 SSPT 算法。SSPT 算法就是将每个工件释放给机器的时间延迟到区间 $[\max(r_j, p_j), r_j + p_j]$ 上的任一个值，然后在当前时刻总是选择加工时间最短的工件加工。而对于一台机器上目标是最小化加权完工时间和的在线排序问题 $1 \,|\, online, \, r_j \,|\, \sum w_j C_j$，Anderson 和 Potts[20]给出了一个竞争比为 2 的最好可能的在线算法，该算法可称为"Delayed SWPT 算法"。与 SWPT 算法不同的地方在于，如果在当前时刻 t 时机器是空闲的且找到了 p_j / w_j 最小的工件 J_j，则判断是否满足 $t \geqslant p_j$。如果满足，则在时刻 t 开始加工工件 J_j；如果不满足，就继续等待，直到时刻 p_j 或有新工件到来的时刻再判定。对于 m 台机器上目标是最小化完工时间和的在线排序问题 $Pm \,|\, online, \, r_j \,|\, \sum C_j$，Vestjens[21]证明了不存在竞争比小于 1.309 的确定性在线算法。Hall 等[22]给出了一个竞争比为 $4 + \varepsilon$ 的在线算法。Liu 和

Lu[23]给出了一个竞争比为 2 的在线算法，该算法称为"DSPT 算法"。DSPT 算法就是将每个工件释放给机器的时间延迟到时刻 max（r_j，p_j），然后在当前时刻如果有空闲机器的话，总是选择加工时间最短的工件加工。

对于在线且带有运输的在线问题，Hoogeveen 和 Vestjens[24]研究了一台机器上目标是最小化最大运输完工时间的在线排序问题 1│online，r_j，q_j│L_{max}，并给出了竞争比为 （$1+\sqrt{5}$）/2 的最好可能的在线算法 D-LDT。D-LDT 算法的思路是：如果当前待排的工件中没有加工时间很大的工件，就从中选择运输时间最大的工件安排加工；如果当前待排的工件中有加工时间很大的工件，则根据不同的条件分别安排当前加工时间最大的工件或者是当前运输时间最大的工件，又或者是其他工件。Tian 等[25]研究了问题 1│online，r_j，$q_j \leq p_j$│L_{max}，也就是小运输时间的问题。这里提及的小运输时间指的是每个工件的运输时间不大于其加工时间。他们给出了竞争比为 $\sqrt{2}$ 的最好可能的在线算法。对两台机器上目标是最小化最大运输完工时间的在线排序问题 $P2$│online，r_j，q_j│L_{max}，Liu 和 Lu[26]给出了一个 1.618-竞争的在线算法 MLDT。MLDT 算法的思想是：如果当前时刻有待排的工件且两台机器都有空闲，则在当前待排工件中选择运输时间最大的工件加工；如果在当前时刻 t 只有一台机器是空闲的，而另一台机器上正在加工工件J_j，当满足 $t \geq \alpha \cdot p_j$，则在时刻 t 在空闲机器上开始加工当前可排的运输时间最长的工件，否则等待。其中，p_j 是时刻 t 时工件J_j的剩余加工时间，α=（$\sqrt{5}-1$）/2。该算法也采用了等待策略。对于 m 台同型机上目标是最小化加权完工时间和的在线排序问题 Pm│online，r_j│$\sum w_j C_j$，Ma 和 Tao[27]给出了一个竞争比为 2.11 的在线算法，算法的核心思想是进行一定的等待策略。

可拒绝的在线排序问题也是近些年的研究热点。可拒绝排序中常见的目标函数是最小化接受工件的最大完工时间与拒绝工件的总拒绝费用之和。Cao 和 Zhang[28]研究了单机上有两个到达时间 0 和 r 的相应在线排序问题，给出了竞争比为 $\rho = \dfrac{1+\sqrt{5}}{2}$ 的在线算法 ON。算法 ON 的核心思想是：对于 0 时刻到达的工件，加工满足 $p_j \leq \rho.e_j$ 的工件，拒绝其他工件。而在时刻 r，如果全部拒绝 r 时刻到达的工件得到的目标函数值不是太大的话，则拒绝所有在 r 时刻到达的工件；否则在 r 时刻到达的工件中加工满足 $p_j \leq \rho.e_j$ 的工件，拒绝其他工件。从算法的思想来看，接受工件的条件 $p_j \leq \rho.e_j$ 意味着对于惩罚费用相对较大的工件，选择接受。Ma 和 Yuan[29] 研究了单机上一致性条件下目标是最小化接受工件的总完工时间与拒绝工件的总拒绝费用之和的在线排序问题。这里的一致性是指加工时间较小的工件其惩罚费用不大于加工时间较大工件的惩罚费用。对于该问题，他们给出了竞争比为 2 的最好可能的在线算法，并证明了当所有工件惩罚费用相等时，该算法也是最好可能的。算法的思想是在关键时刻 t，在满足 $t+p_j \leq e_j$ 的工件集合中选择惩罚费用最高的关键工件 $J^*(t)$，如果满足 $t \geq p^*(t)$，则在时刻 t 开始加工工件 $J^*(t)$，否则等待到 $p^*(t)$ 和新工件的到达时间中最早的一个时刻。Ma 和 Yuan[30] 研究了单机上目标是最小化接受工件的总加权完工时间与拒绝工件的总拒绝费用之和的在线排序问题。对于该问题，他们给出了竞争比为 2 的最好可能的在线算法。算法的思想是在关键时刻 t，在满足 $e_j \geq w_j(t+p_j)$ 的工件集合中选择具有最小 smith 比 $\dfrac{p_j}{w_j}$ 的工件 $J^*(t)$。当满足最小 smith 比有多个工件时，选择加工时间最小的工件作为 $J^*(t)$。如果满足 $t \geq p^*(t)$，则在时刻 t 开始加工 $J^*(t)$，否则等待到 $p^*(t)$ 和新工件的到达时间中最早的一个时刻。

1.3.1.2 列表在线排序

该模型中的工件是按照顺序依次到达的。只有将先到的工件安排加工之后，下一个工件及相应信息才能释放。Graham[31] 最先考虑了列表在线的同型平行机排序问题，目标函数是极小化最大完工时间。当机器台数为 m 时，他给出一个竞争比为 $2-\dfrac{1}{m}$ 的贪婪的 LS 算法，该算法按到达的顺序将到达的工件安排在能使其最早完工的机器上加工。当 $m=2$，3 时，Faigle 等[32] 证明了 LS 算法是最好可能的算法。关于列表排序的其他结果，也可参考 Chen 等[33]、Epstein 等[34] 和 Shmoys 等[35] 的研究。

介于在线排序和离线排序之间的排序是半在线排序，因为在生活中更常见的是我们预先知道工件的部分信息。半在线排序研究的就是这种情形。何勇等[36, 37]把半在线模型分为三类：第一类半在线模型即排序者掌握后续工件的部分信息；第二类半在线模型即已安排的工件的加工进程可通过某种方式加以改变；不能列入这两类的半在线模型统称为第三类半在线模型。我们常见的半在线排序有：已知工件总加工时间的半在线模型；已知所有工件中最长的加工时间的半在线模型；已知所有工件的加工时间位于一有限区间的半在线模型；已知工件分两批到达的半在线模型；已知工件按加工时间非增序到达的半在线模型；已知最优离线排序目标函数值的半在线模型、lookahead 模型；已知工件的数目或最小加工时间的半在线模型、带缓冲区排序、允许重排等。由于半在线排序中已知工件的部分信息，故与在线排序相比经常能得到性能更好的排序算法。例如，He 和Zhang[38]研究了两台同型机上已知工件最大加工时间的目标是最小化最大完工时间的半在线排序问题 $P2 \mid online, p_{max} \mid C_{max}$，并对该问题给出了竞争比为 4/3 的最好可能的在线算法 PLS。PLS 算法的思想是：当加工时间最大的工件出现时把它排在一台机器上的时间区间（0，p_{max}），其他工件按 LS 算法依次排在能使其最早完工的机器上加工。对于已知工件总加工时间的 m 台同型机上目标是最小化最大完工时间的在线排序问题 $Pm \mid online, sum \mid C_{max}$，Angelelli 等[39]提出了一个竞争比为 $\frac{\sqrt{6}+1}{2} \approx 1.725$ 的在线算法，并且证明了当 $m \rightarrow \infty$，该问题竞争比的下界是 1.565。Cheng 等[40]对于该问题设计了一个改进的竞争比为 8/5 的在线算法，并且证明了当 $m \geqslant 6$ 时，问题竞争比的下界是 3/2。Cheng 等[41]研究了已知工件按加工时间不增的顺序到达的以最小化最大完工时间为目标的 m 台同型机上的半在线排序问题 $Pm \mid online, decr \mid C_{max}$。当 $m \geqslant 3$ 时，他们给出了一个竞争比为 5/4 的在线算法，并且对于 $m=3$ 的情况，给出了一个竞争比为（$1+\sqrt{37}$）/6 的最好可能的在线算法。对于两台一致机上的工件按加工时间不增的顺序到达的以最小化最大完工时间为目标的半在线排序问题 $Q2 \mid online, decr$

$|C_{max}$，Epstein 和 Favrholdt[42]给出了最好可能的在线算法。他们证明了速度比 s 在某些区间上时，LPT 算法是最好可能的在线算法。而在其他的 LPT 算法不是最好可能在线算法的区间上，他们又分别设计了最好可能的在线算法 Slow-LPT、算法 Balanced-LPT 和算法 Opposite-LPT。这些算法的思想是前几个工件按特定规则排，剩下的工件按 LPT 规则排。Cao 和 Liu[43]研究了两台一致机上已知工件加工时间的下界和上界的目标函数是最小化最大完工时间的半在线排序问题 $Q2\,|\,LB\&UB\,|\,C_{max}$，其中工件的加工时间在区间 $[p,\ tp]$，而加工速度较大的机器的加工速度是 s $(s>1)$。他们证明了在 s 和 t 的大多数区间上，LS 算法是最好可能的在线算法。此外，当

$$1.325 \leqslant s \leqslant \frac{1+\sqrt{5}}{2} \text{ 且 } s<t \leqslant \frac{s^2-1}{1+s-s^2} \text{时，他们提出了一个最优在线算法；而当}$$

$$1.206 \leqslant s \leqslant 1.5 \text{ 且 } s \leqslant t \leqslant \min\left\{2s-1,\ \frac{2\,(s^2-1)}{1+s-s^2}\right\} \text{ 时，他们又提出了一个最}$$

优在线算法，且该算法当 $1 \leqslant s \leqslant \dfrac{1+\sqrt{17}}{4}$ 且 $\max\left\{2s-1,\ \dfrac{-s+\sqrt{9\,s^2+8s}}{2s}\right\} \leqslant$

$t \leqslant \dfrac{2}{s}$ 时，是竞争比为 $\dfrac{1+t}{2}$ 的最好可能的在线算法。

Bartal 等[44]研究了 m 台同型机上目标是最小化接受工件的最大完工时间与拒绝工件的总拒绝费用之和的在线排序问题，并对该问题给出了带有

参数 α 的在线算法 RTP (α)。他们证明了对于任意的 m，当 $\alpha = \dfrac{\sqrt{5}-1}{2}$ 时，

该算法是竞争比为 $\dfrac{\sqrt{5}+1}{2}$ 的最好可能的在线算法。而对于固定的 m，当 $m=$

2 时，他们给出了竞争比为 $\dfrac{\sqrt{5}+1}{2}$ 的最好可能的在线算法。其中，算法 RTP (α) 的核心思想是当工件满足 $e_j \leqslant p_j/m$ 时，意味着拒绝该工件的惩罚费用较小，则拒绝该工件；当工件满足 $e_j > p_j/m$ 时，则在一定条件下才拒绝该工件；该条件即之前已经拒绝过的满足 $e_j > p_j/m$ 的工件的拒绝费用之和加上当前工件的拒绝费用如果不大于 αp_j，则选择拒绝该工件，否则接受该工件

并将其安排到能让它最早完工的机器上。He 等[45]研究了两台和三台一致机上目标是最小化接受工件的最大完工时间与拒绝工件的总拒绝费用之和的在线排序问题，并给出了算法 LSR（α）。算法 LSR（α）的思想是：如果一个工件的惩罚费用与加工时间之比不大于 α，则拒绝该工件；否则接受该工件并将其排在能使其最早完工的机器上加工。当机器数为两台且较快机器的速度 $s \geqslant \dfrac{1+\sqrt{5}}{2}$ 时，他们证明 LSR（α）是竞争比为 $1+\dfrac{1}{s}$ 的最好可能的在线算法。而当 $1 \leqslant s < \dfrac{1+\sqrt{5}}{2}$ 时，他们给出了算法 LSR（α）的竞争比。当机器数为 3 且较快机器有一台，另外两台速度一样的机器环境下，他们证明了当 $s \geqslant 2$ 时，LSR（α）是竞争比为 $1+\dfrac{2}{s}$ 的最好可能的在线算法。同时，对于 $1 \leqslant s < 2$ 的情况，他们又证明了算法 LSR（α）的竞争比。Dósa 等[46]研究了两台一致机上目标是最小化接受工件的最大完工时间与拒绝工件的总拒绝费用之和的在线排序问题，其中一台机器的加工速度为 1，另一台机器的加工速度为 s（$s \geqslant 1$）。由于当 $s \geqslant \dfrac{1+\sqrt{5}}{2}$ 时，算法 LSR（α）已经是最好可能的在线算法。因此，他们对 $1 \leqslant s < \dfrac{1+\sqrt{5}}{2}$ 的情况设计了改进算法。其中，当 $1.385\ 2 \leqslant s < \dfrac{1+\sqrt{5}}{2}$ 时，该算法是最好可能的在线算法；而当 $1 \leqslant s < 1.385\ 2$ 时，该算法的竞争比与问题下界的竞争比的差距为 0.053 4。

1.3.2 多目标排序

近些年多目标排序成为研究的热点。在很多工业领域如航空业、半导体业、电子业等，为了对整个系统进行优化，需要同时考虑多个目标函数。这个时候对一个目标函数有利的排序有可能对其他目标非常不利，所以排序时兼顾多个目标函数的需求。常见的多目标排序往往是对不同的目标函数赋上不同的系数进行组合，或者是在限制一个目标函数值的情况下

让另一个目标函数值达到最优。Lee 和 Vairaktarakis[47]研究了多个问题。对于单机上在总完工时间和最小的条件下使得加权总完工时间最小的多目标排序问题 $1\|(\sum w_j C_j / \sum C_j)$，其最优排序可由 WSPT/SPT 得到。WSPT/SPT 即工件先按 SPT 序（按加工时间从小到大排）排列，当出现多个工件加工时间相等的时候，对这些工件按权重由大到小排。对于单机上在总完工时间和最小的条件下使得总误工时间最小的多目标排序问题 $1\|(\sum T_j / \sum C_j)$，其最优排序可由 EDD/SPT 得到。EDD/SPT 即工件先按 SPT 序排列，当出现多个工件加工时间相等的时候，对这些工件按 EDD 序（按工期从小到大排）排列。而单机上在加权总完工时间和最小的条件下使得最大误工时间最小的多目标排序问题 $1\|(T_{max} / \sum w_j C_j)$，最优排序可由 EDD／WSPT 得到。EDD／WSPT 规则即先将工件按 WSPT 序（按 $\frac{w_j}{p_j}$ 从大到小排）排列，如果出现 $\frac{w_j}{p_j}$ 相等的工件，则将这些工件按 EDD 序（按工期从小到达排）排列。

多目标排序中寻找 Pareto 最优解也是常见的研究。Pareto 最优排序是指不存在其他的排序使得每个目标函数都能不变差，且至少一个目标函数严格变好。对于单机上两个目标函数都是最大费用函数的排序问题 $1\|(f_{max}, g_{max})$，Hoogeveen[48]给出了寻找所有 Pareto 最优解的算法。该算法的主要思路是：先寻找问题 $1\|f_{max}$ 的最优值 F，再来求解问题 $1|f_{max} \leqslant F|g_{max}$，确定对应的 G 值，之后再确定一个大一点的 F，重复上面的步骤。其中，求解问题 $1|f_{max} \leqslant F|g_{max}$ 和确定下一个 F 都有相应的算法。Geng 等[49]研究了单台容量有限的继列分批机器上目标是最小化最大完工时间和最大费用函数的双目标排序问题 $1|s\text{-}batch, b<n|(C_{max}, f_{max})$，对该问题给出了 $O(n^4)$ 的算法。该算法可以得到所有的 Pareto 最优解。

1.3.3 分批排序

分批排序是经典排序的推广，有着很强的应用背景。在分批排序模型中，工件是以批为单位来加工的。分批排序的目标是将工件分成若干批并决定出这些批的加工顺序。分批排序可分为平行批（parallel batch）排序和继列批（serial batch）排序。

继列批是指同一批的工件是一个接一个在机器上加工，机器每次只能加工一个工件，每批工件有容量限制，并且每个批开始加工之前机器需要有一个安装时间，同一批的工件作为一个整体在机器上加工，因此同一批中的所有工件具有相同的开工时间和相同的完工时间（等于该批中最后一个工件的完工时间），批的加工时间等于该批中所有工件加工时间之和。继列批排序在生产中应用很广。例如，工厂中的产品往往要连续加工若干个后再放到一个容量固定的容器中一起运走，这些连续加工放到该容器中的工件就是一个继列批，这些工件的完工时间都等于该容器中最后一个工件的完工时间。根据批容量是有限还是无限的，继列批排序问题又分为有界和无界两种类型。Coffman 等[50]对单机上以总完工时间和为目标的继列分批排序问题 $1 \left| s-\text{batch} \right| \sum C_j$ 设计了一个 O （$n\log n$）时间算法。Albers 和 Brucker[51]证明了单机上以加权完工时间和为目标的继列分批排序问题 $1 \left| s-\text{batch} \right| \sum w_j C_j$ 是强 NP-困难的。Cheng 和 Kovalyov[52]对于单机上以最大误工时间、误工时间和、总加权误工时间和、总加权完工时间为目标函数的继列分批排序问题设计了动态规划算法，同时对于一些特殊问题给出了一个全面的计算复杂性分析。

本书中主要研究平行批排序。平行批排序可以理解为工件在平行批处理机上加工，机器可以同时加工多个工件，机器能同时加工的工件个数或者说批容量有要求，这些同时被加工的工件构成一个平行批。每一批里的工件有相同的开工时间和相同的完工时间，且批的加工时间等于该批工件中最长的加工时间。平行批排序分为批容量有限和批容量无限两种类型。我们通常用 b 表示批的容量：用 $b=+\infty$ 表示批容量无限，即机器可以同时加工任意多的工件；用 $b<+\infty$ 表示批容量有限，即机器最多可同时加工 b 个工件。平行批处理机排序被广泛地应用于工业生产中，诸如半导体的制造业、金属冶炼工业、航空工业、制鞋业等。

Lee 等[53]最先提出了批容量有限的平行批排序问题的基本模型。问题的背景是半导体材料制作过程中的耐高温检测。也就是要用一个大微波炉同时检测多个电路板的耐热情况，检测时间由耐热最强的电路板所决定。我们可以把放在一起同时进行测验的这些电路板看作一批工件，那么同一批工件具有相同的开工时间和完工时间，加工一批工件所需要的时间就等于最长工件（耐高温程度最高的电路板）的加工时间。他们对单台平行批处理机上等长工件的目标是最小化最大误工工时的排序问题 $1 \mid p\text{-batch}, p_j = p, r_j, b < n \mid T_{\max}$ 和单台平行批处理机上等长工件的目标是最小化总误工工件数的排序问题 $1 \mid p - \text{batch}, p_j = p, r_j, b < n \mid \sum U_j$ 都给出了有效的动态规划算法，同时对于多台平行批处理机上的以最大完工时间和最大误工时间为目标的排序问题给出了启发式算法及算法竞争比的分析。

对于平行批排序问题有很多相关结果，我们先综述一下目标函数是最小化最大完工时间的问题。对于单台批容量有界的平行批处理机上工件有到达时间的目标是最小化最大完工时间的离线排序问题 $1 \mid p\text{-batch}, r_j, b < n \mid C_{\max}$，Liu 和 Yu[54]证明了即使只有两个到达时间的情况下该问题是 NP-困难的，且当工件的到达时间的个数是固定值时给出了一个拟多项式时间算法。若工件没有到达时间，则对于相应的问题 $1 \mid p\text{-batch}, b < n \mid C_{\max}$，FBLPT（full batch longest processing time）算法是最优算法。FBLPT 算法可描述如下：将工件按加工时间从大到小排列，按照排列好的顺序从前向后每次取 b 个工件作为一批，将生成的批可以任意序在机器上加工。FBLPT 算法是批容量有限时的一个经典算法，很多算法在分批时都要部分借鉴这一算法。Brucker[55]证明了单台批容量有界的平行批处理机上工件有到达时间的目标是最小化最大完工时间的离线排序问题 $1 \mid p\text{-batch}, r_j, b < n \mid C_{\max}$ 是 unary NP-困难的。

对于单台容量无界的平行批处理机上目标是最小化最大完工时间的在线排序问题 $1 \mid \text{online}, r_j, p\text{-batch}, b = +\infty \mid C_{\max}$，Deng 等[56]和 Zhang 等[57]各自给出了一个竞争比为 $(\sqrt{5}+1)/2$ 的最好可能的在线算法，且即使在工件加工时间相同的条件下，他们的结论也是成立的。他们所设计的算法的主要思路是：每一批的开工时间进行适度的延误，只有在当前时刻 t 满足 $t \geqslant (1+\alpha) r_k + \alpha p_k$ 以及机器有空闲时才会加工新的一批工件，其中 $\alpha = (\sqrt{5}-1)/2$，r_k 和 p_k 分别是当前时刻 t 时待加工工件中加工时间最长工件的到达时间和加工时间。Poon 和 Yu[58] 研究了批容量有界时目标是最小化最大完工时间的单台平行批处理机在线排序问题 $1 \mid online$，r_j，$p\text{-batch}$，$b < +\infty \mid C_{\max}$，他们证明了任何基于 FBLPT 的算法都是 2-competitive。当批容量为 2 时，他们给出了竞争比为 7/4 的在线算法。Zhang 等[59] 研究了等长工件在 m 台平行批处理机上的目标是最小化最大完工时间的在线排序问题。当批容量无界时，他们提出了一个竞争比为 $1+\beta_m$ 的最好可能的在线算法，这里的 β_m 是方程 $(1+x)^{m+1} = x+2$ 的正根；当批容量有限时，他们提出了竞争比为 $(\sqrt{5}+1)/2$ 的最好可能的在线算法。

对于两台容量无界的平行批处理机上的目标是最小化最大完工时间的在线排序问题 $P2 \mid online$，r_j，$p\text{-batch}$，$b = +\infty \mid C_{\max}$，Nong 等[60] 和 Tian 等[61] 分别给出了竞争比为 $\sqrt{2}$ 的在线算法，且后者证明了该问题的下界是 $\sqrt{2}$。也就是说，上述两个算法都是最好可能的。而对于 m 台容量无界的平行批处理机上的目标是最小化最大完工时间的在线排序问题 $Pm \mid online$，r_j，$p\text{-batch}$，$b = +\infty \mid C_{\max}$，Liu 等[62] 和 Tian 等[63] 分别给出了不同的竞争比为 $1+\alpha_m$ 的最好可能的在线算法，其中 α_m 是方程 $x^2 + mx - 1 = 0$ 的正根。算法的主要思想是：每一批的开工时间进行适度的延误，只在当前时刻 t 满足 $t \geqslant (1+\alpha_m) r(t) + \alpha_m p(t)$ 以及有机器空闲时才会加工新的一批工件，其中 $r(t)$ 和 $p(t)$ 分别是当前时刻 t 时待加工工件中加工时间最长工件的到达时间和加工时间。

Fang 等[64] 研究了工件的加工时间在区间 $[p, (\sqrt{5}+1) p/2]$ 的单台批容量有界的平行批处理机上目标函数是最小化最大完工时间的在线排序问题，即问题 $1 \mid online$，r_j，$p_j \in [p, (\sqrt{5}+1) p/2]$，$p\text{-batch}$，$b < +\infty \mid C_{\max}$。对于该问题，他们给出了竞争比为 $(\sqrt{5}+1)/2$ 的最好可能的在线算法。

算法的主要思想是：如果当前时刻 t 时机器空闲且待加工工件数目超过批容量 b，则在当前时刻 t 选择加工时间最大的 b 个工件作为一批加工；如果当前待加工工件数目少于批容量 b，则只有满足 $t \geqslant \alpha(t)$ 时才将待加工工件作为一批在时刻 t 开始加工，否则继续等待。其中，$\alpha(t)$ 是 $\left[\dfrac{\sqrt{5}-1}{2}p(t), \dfrac{\sqrt{5}+1}{2}r(t)+\dfrac{\sqrt{5}-1}{2}p(t)\right]$ 上的任意一个数，而 $p(t)$ 是当前时刻 t 待加工工件中最大的加工时间，$r(t)$ 是当前时刻 t 待加工工件中最早的到达时间。

  下面来看目标函数是最小化 $L_{\max}$ 的问题，即带有运输的问题。本书中的 $L_{\max}$ 指的是最大运输完工时间或最终送达时间，也就是所有工件运输完成的时间，即 $L_{\max} = \max_{1 \leqslant j \leqslant n}\{L_j\} = \max_{1 \leqslant j \leqslant n}\{C_j + q_j\}$，其中 C_j 表示工件 J_j 在机器上的完工时间，q_j 表示工件 J_j 运到目的地的运输时间。Tian 等[65] 研究了单台平行批处理机上的在线排序问题 $1 \mid \text{online}, r_j, p\text{-batch}, b \mid L_{\max}$。当批容量无界时，他们提出了一个竞争比为 2 的在线算法；当批容量有界时，他们提出了一个竞争比为 3 的在线算法；而当工件加工时间都相同时，他们对批容量无界和有界两种情况分别提出了竞争比为 $(\sqrt{5}+1)/2$ 的最好可能的在线算法。Yuan 等[66] 研究了单台批容量无界的平行批处理机上两种限制情形下的在线排序问题，这两个问题即 $1 \mid \text{online}, r_j, p\text{-batch}, a\text{-greeable}(p_j, q_j), b = +\infty \mid L_{\max}$ 和 $1 \mid \text{online}, r_j, p\text{-batch}, q_j \leqslant p_j, b = +\infty \mid L_{\max}$，并给出了一个竞争比为 $(\sqrt{5}+1)/2$ 的最好可能的在线算法。这个算法的主要思想是：只有在当前时刻 t 满足 $t \geqslant \dfrac{\sqrt{5}+1}{2}p_k$ 以及机器有空闲时才会加工新的一批工件，其中 p_k 是当前时刻 t 时待加工工件的最大加工时间。这里第一个问题中的限制条件 agreeable (p_j, q_j) 称为"一致性条件"，指加工时间较大的工件运输时间也较大，即 $p_i > p_j$ 意味着 $q_i \geqslant q_j$。第二个问题中的限制条件 $q_j \leqslant p_j$ 称为"小运输时间"，即每个工件的运输时间不大于其加工时间。Fang 等[64] 研究了工件的加工时间在区间 $[p, (\sqrt{5}+1)p/2]$ 的单台批容量无界的平行批处理机上目标函数是最小化最大运输完工时间的在线排序问题，即问题 $1 \mid online, r_j, p_j \in [p, (\sqrt{5}+1)p/2], q_j, p\text{-batch}, b = +\infty \mid L_{\max}$，并对该问题给出了竞争比为 $\dfrac{\sqrt{5}+1}{2}$ 的最好可能的在线算法。该算法的主要思想是：只有在当前时刻 t 满足机器空闲且 $t \geq \alpha(t)$ 时才将待加工工件作为一批在时刻 t 开始加工，否则继续等待。其中，$\alpha(t)$ 是区间 $\left[\dfrac{\sqrt{5}-1}{2}p(t), \dfrac{\sqrt{5}+1}{2}r(t) + \dfrac{\sqrt{5}-1}{2}p(t)\right]$ 上的任意一个数。Fang 等[67]研究了 m 台批容量无界的平行批处理机上的目标是最小化最大运输完工时间的在线排序问题 $Pm \mid online, r_j, p\text{-batch}, q_j, b = +\infty \mid L_{\max}$。当 $m = 2, 3$ 时，他们提出了一个竞争比为 2 的在线算法；当 $m \geq 4$ 时，他们提出了一个竞争比为 $1.5 + o(1)$ 的在线算法；当工件加工时间都相同时，他们对批容量无界和有界两种情况分别提出了最好可能的在线算法。Tian 等[68]研究了单台批容量无界的平行批处理机上的在线排序问题 $1 \mid online, r_j, p\text{-batch}, q_j, b = +\infty \mid L_{\max}$，并给出了一个改进的竞争比为 $2\sqrt{2} - 1 \approx 1.8282$ 的在线算法。该算法的思路是：分为多种情形设计算法。Liu 和 Lu[69]研究了 m 台容量无限的批处理机上的目标函数是最小化 $L_{\max}$ 的在线排序问题。对于一致性条件（$p_i > p_j$ 意味着 $q_i \geq q_j$）的排序问题 $Pm \mid online, r_j, p\text{-batch}, agreeable(p_j, q_j), b = +\infty \mid L_{\max}$，他们给出了一个竞争比为 $1 + \alpha_m$ 的在线算法，其中 α_m 满足 $\alpha_m^2 + m\alpha_m = 1$；对于一般情形下的排序问题 $Pm \mid online, r_j, q_j, p\text{-batch}, b = +\infty \mid L_{\max}$，他们给出了一个竞争比为 $1 + \dfrac{2}{\lfloor\sqrt{m}\rfloor}$ 的在线算法。其中，限制性模型下设计的算法的主要思想是：只有在当前时刻 t 有空闲机器且满足 $t \geq \left[(1 + \alpha_m)r(t) + \alpha_m p(t)\right]$ 时才将待加工工件作为一批在时刻 t 开始加工，否则继续等待。

平行批处理机上考虑不相容工件族的排序问题有一些研究结果。这里的不相容工件族是指不同组的工件不能在一个工件批中加工。Fu 等[70]研究了单台批容量无界的平行批处理机上的在线排序问题，其中有两个不相容工件族，目标函数是最小化最大完工时间，即问题 $1 \mid \text{online}, r_j, p\text{-batch}, b=+\infty, \text{two families} \mid C_{\max}$。对于该问题，他们给出了竞争比为 $(\sqrt{17}+3)/4$ 的最好可能的在线算法。该算法的主要思想是：在当前时刻 t 让待加工的两个工件族的最大加工时间进行相除，根据除得的结果分为三种情况，在这三种情况中分别采用不同的等待策略，在符合相应的条件下才将两个工件族中最大加工时间较大的那族工件作为一批加工。对于单台批容量无界的平行批处理机上带有 f 个工件族的目标是最小化最大完工时间的在线排序问题 $1 \mid \text{online}, r_j, p\text{-batch}, b=+\infty, f \text{ families} \mid C_{\max}$，Fu 等[71]证明了任何一个在线算法的竞争比不会小于 $1+\dfrac{\sqrt{4f^2+1}-1}{2f}$，并且给出了竞争比为 $1+\dfrac{\sqrt{4f^2+1}-1}{2f}$ 的最好可能的在线算法。算法的核心思想是：在当前时刻 t，将各族待加工工件中的最大加工时间分别找出来，按找到的最大加工时间从大到小对各族工件进行排序，设各族待加工工件中的最大加工时间之和为 P。若当前时刻 t 机器空闲且满足 $t \geqslant \dfrac{\sqrt{4f^2+1}-1}{2f} \cdot P$，则在当前时刻 t 开始加工具有最大加工时间的待加工工件族，否则等待。Li 和 Yuan[72]研究了 m 台平行批处理机上工件有到达时间的目标是最小化最大完工时间的离线排序问题，其中工件共分为 f 个不同的族，在加工时不同族的工件不能放到一批加工。当批容量有限和无限时，他们分别给出了 PTAS。

Li 和 Yuan[73]研究了单台无界平行批处理机上目标是最小化最大流程时间的在线排序问题，即问题 $1 \mid \text{online}, r_j, p\text{-batch}, b=+\infty \mid F_{\max}$。他们证明了不存在在线算法的竞争比小于 $1+\alpha_m$，其中 α_m 是方程 $x^2+(m+1)x-1=0$ 的正实根，且当所有工件加工时间相等时该结论也成立。对于一般情形，他们给出了竞争比为 $1+\dfrac{1}{m}$ 的在线算法；而对于所有工件加工时间相等的情形，他们给出了竞争比为 $1+\alpha_m$ 的最好可能的在线算法。一般情形下的算法的主要思想是：如果在当前时刻 t 存在空闲机器且满足 $t \geqslant S^*(t)+\dfrac{1}{m}p_{\max}$

（t），则将所有未加工工件作为一批在时刻 t 时在空闲机器上加工。其中，$S^*(t)$ 是 t 时刻之前最晚开工的批的开始加工时间，$p_{\max}(t)$ 是时刻 t 时所有已到达工件的最大加工时间。所有工件加工时间相等的情形下的算法的主要思想是：如果在当前时刻 t 存在空闲机器且满足 $t \geq r_{\min}(t) + \alpha_m$，则将所有未加工工件作为一批在时刻 t 时在空闲机器上加工。其中 $r_{\min}(t)$ 是当前时刻 t 时所有未加工工件的最早到达时间。Chen 等[74]研究了单台平行批处理机上目标是最小化加权完工时间和的在线排序问题，其中对于批容量无界的情形，他们给出了一个竞争比为 10/3 的线性时间的在线算法，而对于批容量有界的情形，对于任意的正数 ε，他们给出了一个竞争比为 $4+\varepsilon$ 的确定性在线算法和一个竞争比为 $2.89+\varepsilon$ 的随机在线算法。Ma 等[75]研究了多台有界平行批处理机上目标是最小化加权完工时间和的在线排序问题。其中，当机器环境是 m 台一致机时，对于任意的正数 ε，他们给出了一个竞争比为 4（$1+\varepsilon$）的在线算法；当机器环境是 m 台同型机（m 是输入参数）时，对于任意的正数 ε，他们则给出了一个竞争比为 4（$1+\varepsilon$）的在线算法。Ahmadi 等[76]研究了两台机器流水作业问题，其中一台机器是平行批处理机或两台都是平行批处理机，目标函数主要是最小化最大完工时间和最小化总的完工时间和。关于平行批处理机更全面的内容介绍，可参见 Mathirajan 等[77]和 Potts 等[78]的研究。

1.3.4 中断和重启

中断（pmtn）和重启（restart）是两个不同的概念。工件允许中断指的是我们可以中断正在加工的工件，以后再接着将被中断工件未加工完的部分加工完即可。而工件允许重启指的是我们可以中断正在加工的工件且以后再加工该工件时需要从头开始加工，也就是中断前对该工件所做的加工作废了。排序中允许中断和重启都能够使得我们可以修正当前已经得到的排序，故相比不允许中断，允许中断和重启得到的排序性能会更好。

允许中断也有很强的应用背景。例如，许多操作系统的调度器就是利用可中断来平衡每个任务的等待时间，从而延长系统的响应时间。允许中断的情况下，很多在线问题的结果得到了很大的改善。例如，对于单机上目标是最小化完工时间和的在线排序问题 $1 \mid online,\ r_j,\ pmtn \mid \sum C_j$，SRPT（shortest remaining processing time）算法是竞争比为 1 的最优算法，其中 SRPT 算法的含义是在每个决策时刻点选择当前剩余加工时间最短的工件加工。而不允许中断时，相应的问题 $1 \mid online,\ r_j \mid \sum C_j$ 已经有多人给出了竞争比为 2 的最好可能的在线算法。

重启（restart）给了我们修正当前排序的机会，故而能很好地改进算法的性能。例如，在多台一致机上加工的排序问题，我们可以将一个加工时间过长的工件从当前机器上取下来并在一台更快的机器上加工，使得排序更加的合理。Epstein 和 Van Stee[79] 就证明了对于单机上目标是最小化完工时间和的在线排序问题 $1 \mid online,\ r_j,\ restart \mid \sum C_j$，重启有助于改进问题的下界。当允许重启时算法竞争比的下界是 1.210 2，而当不允许重启时，最优算法的竞争比是 2。之后，Van Stee 和 Poutré[80] 在允许重启的条件下对单机上目标为最小化总完工时间和的在线排序问题给出了一个竞争比是 3/2 的在线算法，这也是第一个给出来的竞争比小于不允许重启时的最优算法的竞争比。需要注意的是，如果工件不允许重启，最好可能的确定性在线算法竞争比只能达到 2，最好可能的随机在线算法的竞争比为 $\dfrac{e}{e-1} \approx 1.582$。对于单机上目标是最小化最终运输完成时间的在线排序问题，如果不允许重启，$(\sqrt{5}+1)/2$ 是在线算法最好可能的竞争比。如果允许重启，Vestjens[21] 证明了该问题的下界是 3/2，而 Akker 等[81] 给出了一个竞争比为 3/2 的最好可能的在线算法。算法的核心思想是：加工待加工工件中运输时间最大的，除非当前有大工件时会有一些其他的处理。其中，重启的条件设置为如果当前时刻 t 时大工件正在加工且待加工工件中的最大运输时间大于 t，则中断大工件的加工并开始加工待加工工件中具有最大运输时间的工件。Hoogeveen 等[82] 研究了单机上目标是最大化按时完工工件数的在线排序问题，其中工件允许重启。对于该问题，他们给出了竞争比为 3/2 的最好可能的在线算法。该算法即 SRPT 算法，其核心思想是：需要决策的时间点是新工件到来的时刻和机器加工完成工件的时刻。在这些时刻，从所有待加工工件中找到能按时完工且剩余加工时间最小的工件加工，如果选择的工件不是当前正在加工的工件，就要中断正在加工的工件而去加工选择的工件。

平行批的重启和工件的重启一样，指的是一个正在加工的批可以被中断，该批里面所有的工件被释放成为独立工件，且之前作用在这些工件上的加工作废，未来这些工件要从头开始加工。有限重启（limited restart）的提出也有实际的背景。因为过多的重启容易造成资源的浪费和工件的损坏，所以要限定重启的次数。而有限重启是指每个工件最多只能重启一次。平行批的有限重启相应地就定义为：如果该批里面包含有已经被中断过的工件，那么这样的批就不能被中断，也就是不能重启了。

工件允许有限重启的在线排序模型是一类十分重要且难度较大的在线排序问题。其重要性在于允许重启与不允许重启相比往往可以改进在线算法的性能。其难度在于需要决定是否重启、何时重启等，特别是有限重启还要考虑工件最多可以重启的次数，所以无论是下界的分析还是在线算法的设计都有很大的难度。

对于单台容量无限的平行批处理机上目标是最小化最大完工时间且工件允许重启的在线排序问题 $1 \mid online, r_j, \ p\text{-}batch, \ b = +\infty, \ restart \mid C_{\max}$，Fu等[83]证明不会有竞争比小于 $(5-\sqrt{5})/2$ 的算法，并且提出了一个竞争比为 $3/2$ 的在线算法。对于同样的问题，Yuan 等[84]给出了一个竞争比为 $(5-\sqrt{5})/2$ 的最好可能的算法。对于相应的批容量有限问题，Chen 等[85]给出了一个竞争比为 $3/2$ 的在线算法。对于单台容量无限平行批处理机上目标是最小化最大完工时间且工件允许有限重启的在线排序问题 $1 \mid online,$ $r_j, \ p\text{-}batch, \ b = +\infty, \ L\text{-}restart \mid C_{\max}$，Fu 等[86]给出了一个竞争比为 $3/2$ 的最优在线算法。该算法的核心思想是：让新到的最大工件和正在加工的批中的最晚到达的工件进行比较，主要分为五种情况，对于其中的两种情况精确地设计了重启的条件和重启的时刻。而对于两台批容量无界的平行批处理机上的目标是最小化最大完工时间且工件允许有限重启的在线排序问题，Fu 等[87]在假定只有当两台机器都在忙，则只能重启这两批正在加工的批中开工较晚的批的条件下给出了一个竞争比为$(1+\sqrt{3})/2$的最好可能的在线算法。Liu 和 Yuan[88]研究了等长工件在一台批容量有限的平行批处理机上加工且目标函数是最小化最大完工时间的在线排序问题，同时研究了工件可以无限次重启以及k-有限重启这两类重启问题。k-有限重启指每个工件最多可重启k次，k可取任意的正整数。对于这两类不同的重启问题，他们均给出了最好可能的在线算法，且在线算法的设计和竞争比均与批容量有关。Liu 等[89]研究了等长工件在m台批容量无限的平行批处理机上加工的在线排序问题，其中每个工件最多允许重启一次，目标函数是最小化最大完工时间。他们设计出了最好可能的在线算法。不同于已有文献中的问题竞争比下界的显式表达式，这里的问题竞争比的下界是由一个算法确定的。

目前工件允许重启的在线排序问题的研究还有很大的空间，对于批处理机上的同时考虑有限重启及批容量的在线排序问题研究很少，对于允许有限重启时目标是最小化最大运输完工时间的单机或多机在线排序问题研究也很少，这些问题还需要进一步探讨。这不仅对在线算法设计与竞争分析理论的发展具有重要的理论价值，同时对于当前发展迅速的诸如 P2P、社交网络等互联网并行服务应用有实际的指导意义。

1.3.5　drop-line 平行批处理机

最近研究者提出了一种新的平行批处理排序模型：drop-line 平行批处理机。在一般的平行批处理机上，同一批的所有工件完工时间相同。然而在现实生活中同一批中的所有工件在同一时刻完工这种假设并不一定合适。特别是对于批处理机对于完工工件是开放的情形，同一批中加工时间较小的工件将会较早完工并下线。Wei[90]首次提出 drop-line 平行批处理机排序问题。一台 drop-line 平行批处理机的特点是可以同时加工多个工件，同一批的工件有相同的开工时间，一个工件的完工时间等于它的开始加工时间加上它的加工时间。这也意味着同一批的工件中，加工时间较小的工件可以较早完工并离开。drop-line 平行批处理机排序问题目前的研究不多。Tian 等[91]研究了 m 台 drop-line 平行批处理机上目标是最小化最大运输完工时间的在线排序问题，并给出了竞争比为 $1+\alpha_m$ 的最好可能的在线算法，其中 α_m 是方程 $x^2+mx-1=0$ 的正实根。Gao 等[92]研究了工件有到达时间的单台 drop-line 平行批处理机上的离线排序问题，目标是最小化具有 max 形式或 sum 形式的正则函数。他们证明了这些问题是 binary NP-困难的，并且给出了一些近似算法的结果。Tian 等[91]同时介绍了 drop-line 平行批处理机排序问题在物流运输和网络信息优化中的应用。一般来说，如果一台运输工具要运送多个工件到不同的目的地，则较早到达目的地的工件就会较早地卸下来，此时这台运输工具就可以看作一台 drop-line 平行批处理机。同样在现实生活中存在很多批处理机，如果同一批工件之间有着很大的不同并且该机器对完工工件是开放的，则我们有理由认为较早完工的工件可以较早地离开，此时该机器可以认为是一台 drop-line 平行批处理机。

2 允许有限重启的多台平行批处理机排序问题

2.1 问题介绍

本章我们研究等长工件在 m 台容量无限的平行批处理机上加工的在线排序问题，其中工件允许有限重启，目标函数是最小化最大完工时间。利用三参数表示法，该问题可以表示为 $Pm \mid online, r_j, \ p_j = 1, \ p-batch, \ b = +\infty, \ L-restart \mid C_{\max}$。

这里的"在线"是指 online over time 的情形，即工件按时间到达，且当工件到达后它的所有信息我们就知道了。有限重启是指每个工件最多可重启一次，相应地，如果一个工件批包含有已经被中断过的工件，这样的批就不能被中断了。书中我们称不包含被中断过的工件的批为自由批，包含有被中断过的工件的批为限制批，所以在有限重启的条件下，限制批就不能被中断了。

下面我们以图形来直观展示一下容量无限的平行批处理机上的重启。假设 $B_1 = \{J_1, J_2\}$ 是一个 0 时刻开工的自由批，其中 J_1 的加工时间 $p_1 = 1$，J_2 的加工时间 $p_2 = 1.5$，则批 B_1 的加工时间 $p(B_1) = \max \{p_1, p_2\} = 1.5$。在时刻 0.8 工件 J_3 到达，其中 J_3 的加工时间 $p_3 = 1.2$。假设在时刻 0.8 我们重启 B_1 的加工，这意味着我们中断 B_1 的加工且之前对 J_1, J_2 的加工失去了。因此，限制批$B_2 = \{J_1, J_2, J_3\}$且批B_2的加工时间$p(B_2) = \max \{p_1, p_2, p_3\} = 1.5$。平行批处理机的重启见图2.1。

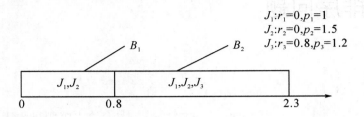

图2.1 平行批处理机的重启

本章所研究的问题将多台平行批处理机和有限重启结合了起来。我们研究了等长工件的情形。对于问题$Pm \mid online, r_j, p_j = 1, p\text{-batch}, b = +\infty, L\text{-restart} \mid C_{\max}$，我们设计出了一个竞争比为$1+\alpha_m$的最好可能的在线算法。不同于已有文献中的竞争比的显式表达式，这里的$1+\alpha_m$是由一个算法确定的。本问题的难度在于下界的确定。由于该问题的下界没有规律的显示表达式，我们取的是一定集合里满足条件的值。算法的具体设计思路是：因为预估问题竞争比的下界是某一类方程的根且该类方程中包含的方程是有限个的，所以对这类方程中的每一个方程的根使用一个以方程根为参数的算法进行验证，再在通过验证的这些方程的根里面取最小的作为问题竞争比的理想下界。

我们的研究思路大致如下：对于任意满足$0<\alpha<1$的正实数α，我们设计一个在线算法$A(\alpha)$。基于算法$A(\alpha)$，我们产生了一个特殊的实例$I(\alpha)$。α的取值范围是在满足$0<j<i \leqslant l_m$的整数对i, j所决定的值$\alpha(i, j)$中来选取，其中$\alpha(i, j)$是方程$(1+x)^i - (1+x)^j = 1$的唯一的正根，l_m是由m所决定的正整数且在书中会有具体的定义。我们做如下定义：

$$\alpha_m = \min_{0<j<i \leqslant l_m} \{\alpha(i,j) : A[\alpha(i,j)] \text{关于实例} I[\alpha(i,j)] \text{是} [1+\alpha(i,j)]\text{-竞争的}\}。$$

我们首先证明α_m是所有满足$0<\alpha<1$和［算法$A(\alpha)$对于实例$I(\alpha)$是$(1+\alpha)$-竞争的］的最小的α；其次证明问题$Pm \mid online, r_j, p_j = 1, p\text{-batch}, b = +\infty, L\text{-restart} \mid C_{\max}$的任意在线算法的竞争比不小于$1+\alpha_m$；最后给出一个竞争比为$1+\alpha_m$的基于算法$A(\alpha_m)$作用于$I(\alpha_m)$所产生排序

的最优在线算法ALG_m。

当一个在线算法在时刻 t 开始加工工件批 B 并且有一个新工件在 $t+\varepsilon$ 到达，其中 ε 是足够小的正数，则我们用新工件在时刻 t 到达这一简化说法来代表新工件在 $t+\varepsilon$ 到达，同时我们在分析中也用 t 来代替 $t+\varepsilon$ 并不影响竞争比的结果。注意，一个运行中的自由批是可以随时中断的以及批容量是无限的，所以我们总可以有下面的一般化处理，即在一个在线算法中，如果我们在时刻 S 开始加工一个限制批，那么这个限制批是中断所有在时刻 S 正在加工的自由批并且包含所有被中断批的工件以及在时刻 S 已到达但还未加工的工件的批。

书中我们将采用以下记号：

（1）$F(i, j)$，即 $F(i, j) = i+(i+1)+\cdots+j$（$i, j$ 是正整数且满足 $i \leqslant j$）。

（2）$\alpha(i, j)$，即方程 $(1+x)^i - (1+x)^j = 1$ 的正根，其中 i, j 是正整数且满足 $i > j$。

（3）β_m，即方程 $(1+x)^{F(1, m+1)} - (1+x)^{m+1} = 1$, i. e., $(1+x)^{(m+1)(m+2)/2} - (1+x)^{m+1} = 1$ 的正根，同时有 $\beta_m = \alpha[F(1, m+1), m+1]$。

（4）l_m，即 $\min\{i: i \geqslant F(1, m+1), \beta_m(1+\beta_m)^i \geqslant 1\}$。

关于上述符号我们要做一些说明。对于任意两个满足 $i > j$ 的正整数 i, j，函数 $(1+x)^i - (1+x)^j - 1$ 当 $x \geqslant 0$ 时，关于 x 是严格单调增加的，所以 $\alpha(i, j)$ 是方程 $(1+x)^i - (1+x)^j = 1$ 的唯一的正根，且当 $0 < \alpha < \alpha(i, j)$ 时，$(1+x)^i - (1+x)^j < 1$。

2.2 算法 $A(\alpha)$ 及相应排序的性质

我们令 $U(t)$ 是一个在线算法执行过程中在 t 时刻已经到达但尚未加工的工件集合，令 $r(t) = \max\{r_j: J_j \in U(t)\}$。

对于一个在线算法 H，我们使用下面的算法 Generating $I(H)$ 来得到

一个实例 $I(H)$ 以及算法 H 作用于 $I(H)$ 产生的排序 σ_H。我们用 $B_i(H)$ 来表示 σ_H 中第 i 个开始加工的批，用 $S_i(H)$ 表示 $B_i(H)$ 的开始加工时间。我们用 $B'_i(H)$ 表示 σ_H 中第 i 个开始加工的限制批，$S'_i(H)$ 表示 $B'_i(H)$ 的开始加工时间；$B_{(i,k)}(H)$ 表示在时刻 $S'_k(H)$ 之后第 i 个开始加工的批，而 $S_{(i,k)}(H)$ 表示 $B_{(i,k)}(H)$ 的开始加工时间。

2.2.1 算法 Generating $I(H)$

假设 $I(H)$ 中的第一个工件 $J_1(H)$ 在时刻 0 到达，我们将算法 H 作用于 $J_1(H)$ 可以得到第一个加工批 $B_1(H) = \{J_1(H)\}$ 和开工时间 $S_1(H)$。

假设前 $i-1$ 个工件 $J_1(H)$，$\cdots$，$J_{i-1}(H)$ 已经出现并且由算法 H 排在机器上开工了，然后第 i 个工件 $J_i(H)$ 在时刻 $S_{i-1}(H)$ 到达。我们将算法 H 作用于 $J_i(H)$，那么 $J_i(H)$ 将包含在 $B_i(H)$ 中并在 $S_i(H)$ 开始加工。注意，或者 $B_i(H)$ 是一个自由批 [此时 $B_i(H) = \{J_i(H)\}$]，或者 $B_i(H)$ 是一个限制批 [此时算法 H 中断了所有在时刻 $S_i(H)$ 加工的自由批并与 $J_i(H)$ 合为限制批 $B_i(H)$]。

以上的步骤不断重复直到工件 $J_n(H)$ 出现，这里 n 是一个相对于我们之后的分析来说足够大的数。这样我们就得到了一个实例 $I(H)$，或者说 $I(H) = \{J_1(H), \cdots, J_n(H)\}$。

注意，算法 Generating $I(H)$ 同时产生了一个实例 $I(H) = \{J_1(H), \cdots, J_n(H)\}$ 以及相应于该实例的排序 σ_H。现在令 $S_0(H) = 0$，$B_0(H) = \varnothing$。

对于一个在线算法 H 和一个正数 α，我们考虑排序 σ_H。如果 σ_H 中任意的批 $B_i(H)$ 都满足 $S_i(H) \leqslant (1+\alpha) S_{i-1}(H) + \alpha$，即 $S_i(H) + 1 \leqslant (1+\alpha)[S_{i-1}(H)+1]$，那么我们说 σ_H 是一个 α-nice 的排序。如果 $S_i(H) = (1+\alpha) S_{i-1}(H) + \alpha$ 或者说 $S_i(H) + 1 = (1+\alpha)[S_{i-1}(H)+1]$，那么 $B_i(H)$ 就被称为 α-regular 的批。相应地，如果 σ_H 中的所有批都是 α-regular 的，那么 σ_H 就被称为 α-regular 的排序。

令 α 是一个满足 $0<\alpha<1$ 的数，则算法 $A(\alpha)$ 是一个与 α 有关的算法。

2.2.2 算法 A（α）

算法 A（α）有 4 个步骤。

步骤 1：如果当前时刻 t 满足 $U（t）\neq\varnothing$，同时 $t\geqslant（1+\alpha）r（t）+a$，则进行之后的步骤。

步骤 2：如果有机器是空闲的，将 $U（t）$ 中的所有工件作为一批在时刻 t 开工。

步骤 3：如果所有的机器都是忙的并且在某台机器上正在加工自由批，那么中断所有的自由批并将所有的可以加工的工件作为一批在时刻 t 安排在某台新空出来的机器上加工。

步骤 4：否则，等待新工件到来或机器有空闲的时刻，并返回步骤 1。

通过将算法 A（α）作用于实例 $I[A（\alpha）]$，我们得到了排序 $\sigma_{A(\alpha)}$。根据算法 A（α），可知 $S_i[A（\alpha）]\geqslant（1+\alpha）S_{i-1}[A（\alpha）]+\alpha$（$\forall i\geqslant1$）。因为 $S_0[A（\alpha）]=0$，这就意味着 $S_i[A（\alpha）]\geqslant(1+\alpha)^i-1$（$\forall i\geqslant1$）。当 $S_i[A（\alpha）]=（1+\alpha）S_{i-1}[A（\alpha）]+\alpha$ 成立时，我们就说 $B_i[A（\alpha）]$ 在排序 $\sigma_{A(\alpha)}$ 中是 α-regular 的批。

下面我们给出关于算法 A（α）产生的排序的相应记号：

（1）$I（\alpha）$ 是实例 $I[A（\alpha）]$ 的前 l_m 个工件构成的实例。

（2）σ_α 是算法 A（α）作用于实例 $I（\alpha）$ 产生的排序，或者说，它是 $\sigma_{A(\alpha)}$ 的前 l_m 个批构成的排序。

（3）$B_i（\alpha）$ 是 σ_α 中第 i 个开工的批。

（4）$S_i（\alpha）$ 是 $B_i（\alpha）$ 的开工时间。

（5）$r_i（\alpha）$ 是 $B_i（\alpha）$ 中最晚到达工件的到达时间。

（6）$B'_i（\alpha）$ 是 σ_α 中第 i 个开工的限制批。

（7）$S'_i（\alpha）$ 是 $B'_i（\alpha）$ 的开工时间。如果 $B'_i（\alpha）$ 不存在，我们就定义 $S'_i（\alpha）=+\infty$。

（8）$r'_i（\alpha）$ 是 $B'_i（\alpha）$ 中最晚到达工件的到达时间。

（9）$B_{i,k}（\alpha）$ 是在时刻 $S'_k（\alpha）$ 之后第 i 个开工的批。

（10）$S_{i,k}(\alpha)$ 是 $B_{i,k}(\alpha)$ 的开工时间。

（11）$r_{i,k}(\alpha)$ 是 $B_{i,k}(\alpha)$ 中最晚到达工件的到达时间。

（12）$S_0(\alpha) = S'_0(\alpha) = 0$，$S_{0,k}(\alpha) = S'_k(\alpha)$。

对于任意两个满足 $i>j$ 的正整数 i 和 j，多项式 $(1+x)^i - (1+x)^j - 1 = (1+x)^j[(1+x)^{i-j}-1] - 1$，当 $x>0$ 时，关于 x 是严格单调增加的。因此，$\alpha(i,j)$ 是方程 $(1+x)^i - (1+x)^j - 1 = 0$ 的唯一正根。且如果 (i,j) 和 (i',j') 是两对正整数并满足 $i>j$ 和 $i'>j'$，那么 $(j, i-j) \leqslant (j', i'-j')$ 意味着 $\alpha(i,j) \geqslant \alpha(i',j')$。将上面的结论应用于这三个数对 $(m+1, 1)$，$(2m+1, 2)$ 和 $(3m, m+1)$，可得

$$\alpha(m+1,1) > \alpha(2m+1,2) \geqslant \alpha(3m,m+1) \tag{2.1}$$

将上面的结论应用于这两个数对 $(2m+1, 2)$ 和 $[F(1, m+1), m+1]$ 且考虑到 $2m-1 \leqslant F(1, m) = F(1, m+1) - (m+1)$，可得

$$\beta_m = \alpha[F(1,m+1),m+1] \leqslant \alpha(2m+1,2) \tag{2.2}$$

式（2.2）中的等式是基于 β_m 的定义。

引理 2.1 令 α 是满足 $0<\alpha<1$ 的实数，那么排序 σ_α 满足下面的性质：

（1）如果 $B_k(\alpha)$ 满足 $S_k(\alpha) \leqslant S'_m(\alpha)$，那么 $B_k(\alpha)$ 是 α-regular 的，并且 $S_k(\alpha) = (1+\alpha)^k - 1$；

（2）如果 $\alpha \leqslant \alpha(2m+1, 2)$，那么 $B'_1(\alpha)$ 存在，并且 $B'_1(\alpha) = B_{m+1}(\alpha)$；

（3）如果 $\alpha \geqslant \alpha(2m+1, 2)$，那么 σ_α 是 α-regular 的排序。

证明：根据算法 $A(\alpha)$ 和实例 $I(\alpha)$，如果对于某个正整数 j 满足 $S_j(\alpha) > (1+\alpha) \times S_{j-1}(\alpha) + \alpha$，那么一定是因为在时刻 $(1+\alpha)S_{j-1}(\alpha) + \alpha$，$m$ 台机器上都正在加工限制批，所以 $S_{j-1}(\alpha) \geqslant S'_m(\alpha)$。因此，当满足 $S_k(\alpha) \leqslant S'_m(\alpha)$ 时，一定有 $S_k(\alpha) = (1+\alpha)S_{k-1}(\alpha) + \alpha$，或者说，$B_k(\alpha)$ 是 α-regular 的。由于 $S_0(\alpha) = 0$，我们很容易可以推出来 $S_k(\alpha) = (1+\alpha)^k - 1$，所以性质（1）得证。

为了证明性质（2），我们令 $\alpha \leqslant \alpha(2m+1, 2)$。根据算法 $A(\alpha)$，我们只需要证明 $B_{m+1}(\alpha)$ 是限制批即可；反之，我们假设 $B_{m+1}(\alpha)$ 是自由

批，那么 B_{m+1}（α）满足 S_{m+1}（α）$\geq S_1$（α）$+1$。根据性质（1），可得 $(1+\alpha)^{m+1}-1\geq 1+\alpha$。因为 α（$m+1$，1）是方程 $(1+x)^{m+1}-(1+x)=1$ 的正根且函数 $(1+x)^{m+1}-(1+x)$，当 $x>0$ 时，是严格单调增加的，所以我们有 $\alpha\geq\alpha$（$m+1$，1）。因此，结合式（2.1）可得 $\alpha\geq\alpha$（$m+1$，1）$>\alpha$（$2m+1$，2），与 $\alpha\leq\alpha$（$2m+1$，2）相矛盾。由此可知，B_{m+1}（α）是限制批，很明显也是第一个限制批，所以性质（2）得证。

为了证明性质（3），我们令 $\alpha\geq\alpha$（$2m+1$，2）。结合式（2.1）可得 $\alpha\geq\alpha$（$3m$，$m+1$）。如果在 σ_α 中无限制批，性质（3）明显成立，因此我们假设在 σ_α 中有限制批并且有非 α-regular 的批。我们令 $k\leq l_m$ 是最小的使得 B_k（α）不是 α-regular 的正整数，那么 S_k（α）$>(1+\alpha)S_{k-1}$（α）$+\alpha$ 并且 B_i（α）（$1\leq i\leq k-1$）是 α-regular 的。由于 S_0（α）$=0$，所以可以推出 S_i（α）$=(1+\alpha)^i-1$（$1\leq i\leq k-1$）。

根据 k 的定义可知，在时刻 $t=(1+\alpha)S_{k-1}$（α）$+\alpha$，每台机器上都正在加工一个限制批。假设 B_{k_1}（α），B_{k_2}（α），…，B_{k_m}（α）（$k_1<\cdots<k_m=k-1$）是这 m 个限制批，那么 $t<S_{k_1}$（α）$+1$。根据 I（α）的定义，任给 i（$2\leq i\leq m$），$B_{k_{i-1}}$（α）是自由批并且被 B_{k_i}（α）在时刻 S_{k_i}（α）中断，所以 $k_i\geq k_{i-1}+2$。由此可得 $k_m\geq k_1+2$（$m-1$）。由于 S_{k-1}（α）$+1=S_{k_m}$（α）$+1=(1+\alpha)^{k_m-k_1}[S_{k_1}$（$\alpha$）$+1]\geq(1+\alpha)^{2m-2}[S_{k_1}$（$\alpha$）$+1]$，那么 $t=(1+\alpha)[S_{k-1}$（α）$+1]-1\geq(1+\alpha)^{2m-1}\times[S_{k_1}$（$\alpha$）$+1]-1$。因为 $t<S_{k_1}$（α）$+1$，所以 $[(1+\alpha)^{2m-1}-1][S_{k_1}$（$\alpha$）$+1]<1$。由于 S_{k_1}（α）$\geq S'_1$（α）$\geq S_{m+1}$（α）$=(1+\alpha)^{m+1}-1$，我们有 $(1+\alpha)^{3m}-(1+\alpha)^{m+1}<1$。这意味着 $\alpha<\alpha$（$3m$，$m+1$），与 $\alpha\geq\alpha$（$3m$，$m+1$）相矛盾，所以性质（3）得证。引理证毕。

对于任意在线算法 A，我们令 σ_A^1 是由 σ_A 的前 l_m 个批构成的 σ_A 的子排序。

引理 2.2 令 α 是满足 $0<\alpha<\beta_m$ 的数，那么对于任意一个在线算法 A，排序 σ_A^1 不是 α-nice 的。进一步讲，排序 σ_A 不是 α-regular 的。

证明：从式（2.2）中我们得到 $\beta_m\leq\alpha$（$2m+1$，2）；反之，假设存在算法 A 使得 σ_A^1 是 α-nice 的排序。于是，我们有如下断言：

（1）B'_1（A），…，B'_m（A）一定存在且满足 S'_i（A）$\leq(1+\alpha)^{m-i+2}$

$[S'_{i-1}(A)+1]-1$ $(i=1, \cdots, m)$。

（2）在时刻$S'_m(A)$这m台机器正在加工这m个限制批。

（3）$B'_i(A)=B_{j_i}(A)$ $(1\leqslant i\leqslant m)$满足$j_i\leqslant F(m-i+2, m+1)$。

为了证明这个断言，我们注意到函数$(1+x)^{m+1}-(1+x)-1$，当$x>0$时，是严格单调增加的。由于σ_A^1是α-nice的排序，所以

$$S_{m+1}(A)-[S_1(A)+1]=(S_{m+1}(A)+1)-[S_1(A)+1]-1$$
$$\leqslant(1+\alpha)^m[S_1(A)+1]-[S_1(A)+1]-1$$
$$\leqslant(1+\alpha)^{m+1}-(1+\alpha)-1$$
$$<(1+\beta_m)^{m+1}-(1+\beta_m)-1$$
$$<0$$

注意，最后两个不等式成立是因为$0<\alpha<\beta_m\leqslant\alpha(2m+1, 2)<\alpha(m+1, 1)$，因此$\sigma_A$的前$m+1$个批一定包含一个限制批。进而，$B'_1(A)$存在且满足$S'_1(A)\leqslant S_{m+1}(A)\leqslant(1+\alpha)^{m+1}-1=(1+\alpha)^{m+1}[S'_0(A)+1]-1=(1+\alpha)^{F(m-1+2, m+1)}[S'_0(A)+1]-1$。故而$B'_1(A)=B_{j_1}(A)$并且满足$j_1\leqslant m+1=F(m-1+2, m+1)$。

我们令$k\leqslant m$是最大的正整数使得$B'_1(A), \cdots, B'_{k-1}(A)$存在并且在时刻$S'_{k-1}(A)$，$k-1$台机器正在加工这$k-1$个限制批。当$i=1, \cdots, k-1$时，由于最多有$m-i+1$个自由批在$B'_{i-1}(A)$到$B'_i(A)$之间开工，我们有$S'_i(A)\leqslant(1+\alpha)^{m-i+2}[S'_{i-1}(A)+1]-1$。故而当$i=1, \cdots, k-1$时，$B'_i(A)=B_{j_i}(A)$且$j_i\leqslant m-i+2+j_{i-1}\leqslant F(m-i+2, m+1)$和$S'_i(A)\leqslant(1+\alpha)^{m-i+2}[S'_{i-1}(A)+1]-1$。

假设$B_{i,k-1}(A)$ $(1\leqslant i\leqslant m-k+2)$都是自由批，因为在时刻$S'_{k-1}(A)$仅有$m-k+1$台空闲机器，我们有$S_{m-k+2,k-1}(A)\geqslant S'_1(A)+1$。由于$\sigma_A^1$是$\alpha$-nice的排序，同时$B_{m-k+2,k-1}(A)$就是$B_j(A)$且满足$j=m-k+2+j_{k-1}\leqslant m-k+2+F[m-(k-1)+2, m+1]=F(m-k+2, m+1)<l_m$，我们有$S_{m-k+2,k-1}(A)-[S'_1(A)+1]\leqslant(1+\alpha)^{m-k+2}[S'_{k-1}(A)+1]-1-[S'_1(A)+1]\leqslant(1+\alpha)^{F(m-k+2, m)}[S'_1(A)+1]-1-[S'_1(A)+1]\leqslant(1+\alpha)^{F(m-k+2, m+1)}-(1+\alpha)^{m+1}-1<(1+\alpha)^{F(1, m+1)}-(1+\alpha)^{m+1}-1<(1+\beta_m)^{F(1, m+1)}-(1+\beta_m)^{m+1}-1=0$。

这与$S_{m-k+2,k-1}(A)\geqslant S'_1(A)+1$相矛盾，所以$B_{i,k-1}(A)$（$1\leqslant i\leqslant m-k+2$）中存在限制批。

令$B'_k(A)$是$B_{i,k-1}(A)$（$1\leqslant i\leqslant m-k+2$）中开工最早的限制批，则$B'_k(A)=B_{j_k}(A)$且$j_k\leqslant m-k+2+j_{k-1}\leqslant F(m-k+2,m+1)$。因此，$S'_k(A)\leqslant S_{m-k+2,k-1}(A)\leqslant(1+\alpha)^{m-k+2}[S'_{k-1}(A)+1]-1$且$S'_k(A)\leqslant S_{m-k+2,k-1}(A)<S'_1(A)+1$，所以断言成立。

在时刻$S'_m(A)$，一个新工件到达。因为$(1+\alpha)S'_m(A)+\alpha-[S'_1(A)+1]\leqslant(1+\alpha)^{F(1,m)}[S'_1(A)+1]-[S'_1(A)+1]-1\leqslant(1+\alpha)^{F(1,m+1)}-(1+\alpha)^{m+1}-1<(1+\beta_m)^{F(1,m+1)}-(1+\beta_m)^{m+1}-1=0$，从而在时刻$(1+\alpha)S'_m(A)+\alpha$，这$m$个限制批$B'_1(A)$，$\cdots$，$B'_m(A)$都没有完工，所以$S_{1,m}(A)\geqslant S'_1(A)+1>(1+\alpha)S'_m(A)+\alpha$。因为$B_{1,m}(A)$就是$B_{j'}(A)$且$j'=j_m+1\leqslant F(1,m+1)\leqslant l_m$，所以$\sigma_A^1$不是$\alpha$-nice的排序，与假设$\sigma_A^1$是$\alpha$-nice的排序相矛盾。因此，我们的假设$\sigma_A^1$是$\alpha$-nice的排序是错误的。

注意，σ_α就是排序$\sigma_{A(\alpha)}^1$。如果σ_α是α-regular的排序，那么σ_α是α-nice的排序，这与任意算法A的排序σ_A^1不是α-nice的排序相矛盾。因此，σ_α不是α-regular的排序。引理证毕。

引理2.3 如果排序σ_α是α-regular的，那么排序$\sigma_{A(\alpha)}$也是α-regular的。

证明： 假设排序σ_α是α-regular的，那么根据引理2.2可知$\alpha\geqslant\beta_m$。根据σ_α和$\sigma_{A(\alpha)}$的定义可知$B_i[A(\alpha)]=B_i(\alpha)$（$1\leqslant i\leqslant l_m$），所以$\sigma_{A(\alpha)}$中的前$l_m$批是$\alpha$-regular的批。对于任意的$i>l_m$，我们有

$$(1+\alpha)S_{i-1}[A(\alpha)]+\alpha-\{S_{i-1}[A(\alpha)]+1\}=\alpha\{S_{i-1}[A(\alpha)]+1\}-1$$
$$\geqslant\alpha(1+\alpha)^{i-1}-1$$
$$\geqslant\beta_m(1+\beta_m)^{l_m}-1$$
$$\geqslant0$$

注意，最后一个不等式成立是基于l_m的定义，因此可得$B_{i-1}[A(\alpha)]$在时刻$(1+\alpha)S_{i-1}[A(\alpha)]+\alpha$完工了，所以我们可以在时刻$(1+\alpha)S_{i-1}[A(\alpha)]+\alpha$在$B_{i-1}[A(\alpha)]$的机器上开始加工$B_i[A(\alpha)]$，从

而B_i [A (α)]是自由批并且满足S_i [A (α)] = (1+α) S_{i-1}[A (α)]+α,或者说B_i [A (α)] 是α-regular 的。由此可知，排序$\sigma_{A(\alpha)}$也是α-regular 的。引理证毕。

2.3 问题的下界

引理2.4 令 α 是一个正数。如果存在在线算法A'使得$\sigma_{A'}^1$是一个α-nice的排序，那么σ_α是一个α-regular 的排序。

证明：假设存在在线算法A'使得$\sigma_{A'}^1$是一个α-nice 的排序，根据引理2.2可得$\alpha \geq \beta_m$。如果$\alpha \geq \alpha$ ($2m+1$, 2)，从引理2.1性质（3）可直接得到结论。因此，下面我们假设$\beta_m \leq \alpha < \alpha$ ($2m+1$, 2)。我们使用反证法，假设σ_α不是α-regular的排序，令n'=min $\{i: 1 \leq i \leq l_m$, S_i (α) > (1+α) S_{i-1} (α) +$\alpha\}$。

基于排序$\sigma_{A'}$，我们定义一个新的且包含n'个批的排序$\sigma_{A'}^*$。$\sigma_{A'}^*$中第i个开工的批B_i^* (A') 的开工时间S_i^* (A') = (1+α)^i-1，并且B_i^* (A') 是$\sigma_{A'}^*$中的限制批，当且仅当B_i (A') 是$\sigma_{A'}$中的限制批，那么对于$\forall i \geq 1$，S_i^* (A')= (1+α) S_{i-1}^* (A') +α。由于当 $i \geq 1$ 时，S_i (A') $\leq$ (1+α) S_{i-1} (A') +α，我们可以验证对于任意的满足 $1 \leq i < j$ 的正整数 i 和 j，我们总是有S_j^* (A') $-S_i^*$ (A') $\geq S_j$ (A') $-S_i$ (A')，从而$\sigma_{A'}^*$也是可行排序。我们定义I' (α) 是由 I (α) 的前n'个工件构成的新实例，注意，$\sigma_{A'}^*$可以作为实例I' (α) 的可行排序，同时$\sigma_{A'}^*$是α-regular 的排序，因此对于实例I' (α)，存在α-regular 的可行排序。

我们可以观察到下述事实：对于实例I' (α) 的每一个 α-regular 的排序，第一个加工批就是B_1 (α)。

令π是实例I' (α) 的α-regular 的排序，π 中的第 i 个开工批记为B_i^π，我们定义 e (π) = max $\{k: 1 \leq k \leq n'$, $B_i^\pi = B_i$ (α) $\forall i \leq k\}$。注意，这里的$B_i^\pi = B_i$ (α) 意味着这两个批包含相同的工件而且同为自由批或同为限制批，那么 e (π) ≥ 1。我们选择适当的 π 使得 e (π) 尽可能大。由于 π

是α-regular的排序，那么$S_i(\alpha) = S_i^{\pi} = (1+\alpha)^i - 1$ $[1 \leq i \leq e(\pi)]$。如果$e(\pi) = n'$，那么$B_i(\alpha)$ $(1 \leq i \leq n')$ 都是α-regular 的，这与n'的定义相矛盾。因此，下面我们假设 $e(\pi) < n'$，那么$B_i^{\pi} = B_i(\alpha)$ $[1 \leq i \leq e(\pi)]$，$B_{e(\pi)+1}^{\pi} \neq B_{e(\pi)+1}(\alpha)$。

如果$B_{e(\pi)}^{\pi} = B_{e(\pi)}(\alpha)$ 是限制批，那么$B_{e(\pi)+1}^{\pi}$ 和$B_{e(\pi)+1}(\alpha)$ 都是只包含工件$J_{e(\pi)+1}(\alpha)$ 的自由批。因此，$B_{e(\pi)+1}^{\pi} = B_{e(\pi)+1}(\alpha)$，这与$e(\pi)$ 的定义相矛盾。由此可见，$B_{e(\pi)}^{\pi} = B_{e(\pi)}(\alpha)$ 是自由批。

如果$B_{e(\pi)+1}^{\pi}$ 和$B_{e(\pi)+1}(\alpha)$ 都是限制批，那么这两个批都是α-regular 的且包含相同的工件。因此，$B_{e(\pi)+1}^{\pi} = B_{e(\pi)+1}(\alpha)$，这与$e(\pi)$ 的定义相矛盾。

如果$B_{e(\pi)+1}^{\pi}$是自由批，那么$B_{e(\pi)+1}^{\pi} = \{J_{e(\pi)+1}(\alpha)\}$ 且在时刻 $(1+\alpha)$ $S_{e(\pi)}^{\pi}+\alpha = (1+\alpha) S_{e(\pi)}(\alpha) + \alpha$ 至少有一台机器是空闲的。故由算法 $A(\alpha)$ 和σ_α 的定义可知，$B_{e(\pi)+1}(\alpha) = \{J_{e(\pi)+1}(\alpha)\}$ 也是自由批。因此，$B_{e(\pi)+1}^{\pi} = B_{e(\pi)+1}(\alpha) = \{J_{e(\pi)+1}(\alpha)\}$，这与$e(\pi)$ 的定义相矛盾。

综上所述，唯一的可能性就是$B_{e(\pi)+1}^{\pi}$ 是限制批而$B_{e(\pi)+1}(\alpha)$ 是自由批。由算法 $A(\alpha)$，σ_α 的定义和$B_{e(\pi)}(\alpha)$ 是自由批的性质，我们可知 $B_{e(\pi)+1}(\alpha) = \{J_{e(\pi)+1}(\alpha)\}$ 是α-regular 的批。因此，如果 $e(\pi) = n'-1$，那么$B_{n'}(\alpha)$ 是α-regular 的批，与n'的定义相矛盾。

下面我们假设 $e(\pi) \leq n'-2$，那么我们从排序 π 得到一个新排序π'满足$B_i^{\pi'} = B_i^{\pi}$ $[1 \leq i \leq e(\pi)]$，$B_{e(\pi)+1}^{\pi'} = \{J_{e(\pi)+1}(\alpha)\}$，并且当 $i \geq e(\pi)+2$ 时，$B_i^{\pi'}$ 是排序 π' 的限制批，当且仅当B_{i-1}^{π} 是 π 的限制批，那么π'是α-regular的，因为我们总可以把$B_i^{\pi'}$ $[e(\pi)+2 \leq i \leq n']$ 放在排序 π 中B_{i-1}^{π}所占的机器上加工。

因为π'是α-regular 的，并且$B_i^{\pi'} = B_i(\alpha)$ $[1 \leq i \leq e(\pi)+1]$，这与 π 的定义相矛盾。引理证毕。

引理 2.5 假设 $0 < \alpha < \beta$。如果σ_α 是 α-regular 的，那么σ_β 也是β-regular的。

证明：如果σ_α 是 α-regular 的，因为 $\alpha < \beta$，所以σ_α 是 β-nice 的。由引

理2.4可得σ_β是β-regular 的。引理证毕。

令

$$\alpha_m = \min \{\alpha\ (s,\ t):\ 1\leq t<s\leq l_m,\ S_i\ [\alpha\ (s,\ t)\ ] = [1+\alpha\ (s,\ t)\ ]$$
$$S_{i-1}\ [\alpha\ (s,\ t)\ ]+\alpha\ (s,\ t)\ \forall\ (1\leq i\leq l_m)\} \tag{2.3}$$

根据引理2.1性质（3）和引理2.2可知，α_m可以唯一确定并且

$$\beta_m \leq \alpha_m \leq \alpha\ (2m+1,\ 2) \tag{2.4}$$

引理2.6 $\alpha_m = \min \{0<\alpha<1,\ \sigma_\alpha$是 α-regular 的$\}$。

证明：令 $\gamma = \min \{0<\alpha<1,\ \sigma_\alpha$是 α-regular 的$\}$。由引理2.2可得 $\gamma\geq\beta_m$。而根据α_m的定义可得$\gamma\leq\alpha_m$。我们先证明 $\gamma\in \{\alpha\ (s,\ t):\ 1\leq t<s\leq l_m\}$；反之 $\gamma\notin \{\alpha\ (s,\ t):\ 1\leq t<s\leq l_m\}$。那么，根据$\alpha_m$和$\gamma$的定义可知$\gamma<\alpha_m$。因此，我们有断言一。

断言一　对于任意的满足$1\leq t<s\leq l_m$的正整数 s 和 t，我们都有$(1+\gamma)^s -(1+\gamma)^t-1\neq 0$。

根据断言一，我们可以得到断言二。

断言二　存在满足 $\alpha<\gamma$ 的正数 α，使得对于任意的满足 $1\leq t<s\leq l_m$的正整数 s 和 t，$(1+\gamma)^s-(1+\gamma)^t-1>0$，当且仅当$(1+\alpha)^s-(1+\alpha)^t-1>0$。

我们令 α 是满足断言二的正数。根据γ的定义可知，σ_γ是γ-regular 的排序。于是，我们先证明σ_α是 α-regular 的排序。

根据排序σ_γ，我们按照如下方式构造出一个新的排序σ^*：σ^*中的批为B_1^*，B_2^*，$\cdots$，$B_{l_m}^*$且对于任意的$1\leq i\leq l_m$，B_i^*是σ^*中的限制批，当且仅当$B_i\ (\gamma)$是σ_γ中的限制批；B_i^*的开工时间是$S_i^* = (1+\alpha)^i-1$；B_i^*的加工机器与$B_i\ (\gamma)$在排序σ_γ中的加工机器一样。我们只需证明排序σ^*是可行的，也就是不存在违背可行性的批。一个限制批B_i^*违背了可行性指的是B_i^*的开工时间与在同一台机器上加工且开工时间早于B_i^*的限制批$B_{i'}^*$（$i'<i$）的加工时间发生重叠。一个自由批B_i^*违背了可行性指的是B_i^*的开工时间与在同一台机器上加工且开工时间早于B_i^*的批$B_{i'}^*$（$i'<i$）的加工时间发生重叠。

我们假设排序σ^*是不可行的，令B_s^*是σ^*中开工最早的违背可行性的

批，那么在排序 σ^* 中存在与 B_s^* 同一台机器加工的批 B_t^*（$t<s$），且 B_s^* 的开工时间与 B_t^* 的加工时间发生了重叠。而在排序 σ_γ 中，B_s（γ）是在 B_t（γ）完成之后加工的，所以我们有 $S_s^*+1>S_s^*$ 和 S_t（γ）$+1\leqslant S_s$（γ），或者说 $(1+\alpha)^t>(1+\alpha)^s-1$ 和 $(1+\gamma)^t\leqslant(1+\gamma)^s-1$。根据断言一，我们有 $(1+\gamma)^s>(1+\gamma)^t+1$，所以 $(1+\alpha)^s<(1+\alpha)^t+1$ 和 $(1+\gamma)^s>(1+\gamma)^t+1$ 同时成立，这与断言二相矛盾，因此排序 σ^* 是可行的。

我们注意到排序 σ^* 也是 α-regular 的且可以看成对实例 I（α）的可行排序，所以根据引理 2.4 可得 σ_α 是 α-regular 的。而这与 γ 的定义和 $\alpha<\gamma$ 相矛盾。

以上讨论意味着 $\gamma\in\{\alpha（s，t）：1\leqslant t<s\leqslant l_m\}$，所以唯一的可能就是 $\gamma=\alpha_m$。因此，引理成立。

定理 2.1 不存在竞争比小于 $1+\alpha_m$ 的在线算法。

证明： 我们假设存在算法 A 具有竞争比 $1+\gamma$ 并且 $\gamma<\alpha_m$，那么在排序 σ_A 中，S_i（A）$\leqslant$（$1+\gamma$）S_{i-1}（A）$+\gamma$，因此 σ_A 是 γ-nice 的排序。根据引理 2.4 可得 σ_γ 是 γ-regular 的排序，而这与引理 2.6 相矛盾。定理证毕。

注意，α_m 并不是关于 m 的直接表达式。表 2.1 中我们列出部分的 α_m 的结果，即 α_m 的具体值。

表 2.1 α_m 的具体值

m	$\alpha_m=\alpha$（i，j）	竞争比
2	α（6，3）$\approx 0.174\,0$	1.174 0
3	α（10，4）$\approx 0.092\,6$	1.092 6
4	α（17，9）$\approx 0.059\,9$	1.059 9
5	α（20，6）$\approx 0.042\,1$	1.042 1
6	α（30，13）$\approx 0.030\,8$	1.030 8
7	α（44，26）$\approx 0.024\,2$	1.024 2
8	α（46，17）$\approx 0.019\,0$	1.019 0
9	α（60，27）$\approx 0.015\,5$	1.015 5
10	α（60，11）$\approx 0.012\,8$	1.012 8
11	α（97，57）$\approx 0.010\,9$	1.010 9

表2.1(续)

m	$\alpha_m = \alpha\ (i, j)$	竞争比
12	$\alpha\ (100,\ 46)\ \approx 0.009\ 3$	1.009 3
13	$\alpha\ (101,\ 27)\ \approx 0.008\ 0$	1.008 0
14	$\alpha\ (122,\ 42)\ \approx 0.007\ 0$	1.007 0

2.4　在线算法

下面我们给出的在线算法ALG_m与α_m-regular 的排序$\sigma_{A(\alpha_m)}$密切相关。算法ALG_m的大概思想如下所述：

按照工件到达时间从前向后，我们生成了一系列正整数j_1，j_2，$\cdots$，j_n，使得$j_1 < j_2 < \cdots < j_n$。当第一个工件在时刻 0 到达时，令$j_1 = 1$。当第一个工件的到达时间t_1满足$t_1 > 0$ 时，令j_1是满足$t_1 \in\ (\ (1+\alpha_m)^{j_1-1} - 1,\ (1+\alpha_m)^{j_1} - 1]$的正整数，我们在时刻$S_1^{ALG} = (1+\alpha_m)^{j_1} - 1$ 开始加工第一个批B_1^{ALG}。一般来讲，假设前 $i-1$ 个批B_1^{ALG}，B_2^{ALG}，$\cdots$，B_{i-1}^{ALG}已经产生，然后一个新的工件在时刻 $t > S_{i-1}^{ALG}$到达。令j_i是满足$t_i \in\ (\ (1+\alpha_m)^{j_i-1} - 1,\ (1+\alpha_m)^{j_i} - 1]$的正整数，我们在时刻$S_i^{ALG} = (1+\alpha_m)^{j_i} - 1$ 开始加工新的批B_i^{ALG}。因此，对于任意的正整数 i，我们有$S_i^{ALG} = (1+\alpha_m)^{j_i} - 1$；同时$B_i^{ALG}$是一个（指派）限制批，当且仅当$B_i\ [A\ (\alpha_m)]$是$\sigma_{A(\alpha_m)}$中的限制批。注意，在算法$ALG_m$中，一个（指派）限制批也不能再被中断了。

算法ALG_m有 7 个步骤。

步骤 1：令 $i = 0$。

步骤 2：等待到时刻 t，使得 $U\ (t)\ \neq \varnothing$。

步骤 3：令$i = i+1$。令j_i是满足 $t \leq (1+\alpha_m)^{j_i} - 1$ 的最小正整数且等待到时刻 $t = (1+\alpha_m)^{j_i} - 1$。

步骤 4：如果$B_i\ [A\ (\alpha_m)]$在$\sigma_{A(\alpha_m)}$中是限制批，则在时刻 t 中断所有的自由批，令B_i^{ALG}是一个包含所有被中断批中的工件以及 $U\ (t)$ 的工件的（指派）限制批。

步骤 5：如果 $B_i \left[A \left(\alpha_m \right) \right]$ 在 $\sigma_{A(\alpha_m)}$ 中是自由批，则令 B_i^{ALG} 是满足 $B_i^{ALG} = U \left(t \right)$ 的自由批。

步骤 6：在时刻 $S_i^{ALG} = t$ 开始加工 B_i^{ALG}，其中加工机器是 $B_i \left[A \left(\alpha_m \right) \right]$ 在 $\sigma_{A(\alpha_m)}$ 中的加工机器。

步骤 7：执行步骤 2。

定理 2.2 算法 ALG_m 是竞争比为 $1+\alpha_m$ 的最好可能的在线算法。

证明：令 J 是任意的一个工件实例。令 σ^{ALG} 是算法 ALG_m 作用于实例 J 产生的排序。令 B_1^{ALG}，B_2^{ALG}，$\cdots$，B_n^{ALG} 是排序 σ^{ALG} 中的加工批，其中 B_i^{ALG} 的开始加工时间表示为 S_i^{ALG}。我们先证明 σ^{ALG} 是可行排序。

由算法 ALG_m 可知，对任意的 $1 \leqslant i \leqslant n$，$B_i^{ALG}$ 的加工机器是 $B_i \left[A \left(\alpha_m \right) \right]$ 在 $\sigma_{A(\alpha_m)}$ 中的加工机器，并且开工时间满足 $S_i^{ALG} = (1+\alpha_m)^{j_i} - 1$。进一步讲，$B_i^{ALG}$ 在 σ^{ALG} 中是（指派）限制批，当且仅当 $B_i \left[A \left(\alpha_m \right) \right]$ 在 $\sigma_{A(\alpha_m)}$ 中是限制批。令 i 和 k 是满足 $1 \leqslant i < k \leqslant n$ 的任意两个正整数。在 σ^{ALG} 中，由于在 B_i^{ALG} 和 B_k^{ALG} 之间有 $k-i$ 个批，所以 $j_k - j_i \geqslant k-i$。因此有

$$
\begin{aligned}
S_k^{ALG} - S_i^{ALG} &= (1+\alpha_m)^{j_k} - (1+\alpha_m)^{j_i} \\
&= (1+\alpha_m)^{j_i} \left[(1+\alpha_m)^{j_k - j_i} - 1 \right] \\
&\geqslant (1+\alpha_m)^i \left[(1+\alpha_m)^{k-i} - 1 \right] \\
&= S_k \left[LAZY \left(\alpha_m \right) \right] - S_i \left[LAZY \left(\alpha_m \right) \right]
\end{aligned}
$$

同时考虑到 $\sigma_{A(\alpha_m)}$ 是可行的，所以 σ^{ALG} 是可行的。

因为算法 ALG_m 保证了每个工件第一次的开工时间都不超过到达时间的 $1+\alpha_m$ 倍，所以算法 ALG_m 的竞争比不超过 $1+\alpha_m$。由定理 2.1 可知，算法 ALG_m 是竞争比为 $1+\alpha_m$ 的最好可能的在线算法。定理证毕。

最后，我们用具体的例子来解释一下算法的 ALG_m 运行。

例 2.1 我们考虑 $m = 2$ 的情况，此时 $\alpha_m = \alpha \left(6, 3 \right) \approx 0.174\,0$。于是，我们得到 $\sigma_{A(\alpha_m)}$。

$\sigma_{A(\alpha_m)}$：第一个工件 J_1 在 0 时刻到达，第一个自由批 $B_1 = \{ J_1 \}$ 在时刻 $S_1 = \alpha_m$ 在机器 M_1 上开工。第二个工件 J_2 在时刻 S_1 到达，则第二个自由批

$B_2 = \{J_2\}$ 在时刻 $S_2 = (1+\alpha_m) S_1 + \alpha_m = (1+\alpha_m)^2 - 1$ 在机器 M_2 上开工。第三个工件 J_3 在时刻 S_2 到达，此时由于 $(1+\alpha_m) S_2 + \alpha_m = (1+\alpha_m)^3 - 1 < (\alpha_m + 1) = S_1 + 1$，所以在时刻 $(1+\alpha_m) S_2 + \alpha_m$ 时，第一个批 B_1 还没有完工。这意味着在时刻 $(1+\alpha_m) S_2 + \alpha_m$ 时，两台机器都在加工自由批，故按照算法 $A(\alpha_m)$，在时刻 $(1+\alpha_m) S_2 + \alpha_m$ 中断两台机器上的自由批，并和 J_3 合并成一个新的限制批 $B_3 = \{J_1, J_2, J_3\}$，在时刻 $S_3 = (1+\alpha_m) S_2 + \alpha_m = (1+\alpha_m)^3 - 1$ 时在机器 M_1 上开工。第四个工件 J_4 在时刻 S_3 到达，第四个自由批 $B_4 = \{J_4\}$ 在时刻 $S_4 = (1+\alpha_m) S_3 + \alpha_m = (1+\alpha_m)^4 - 1$ 在机器 M_2 上开工。第五个工件 J_5 在时刻 S_4 到达，由于 $(1+\alpha_m) S_4 + \alpha_m = (1+\alpha_m)^5 - 1 < (1+\alpha_m)^3 = S_3 + 1 < S_4 + 1$，故在时刻 $(1+\alpha_m) S_4 + \alpha_m$ 时，机器 M_1 上的限制批 B_3 和机器 M_2 上的自由批 B_4 都没有完工。由于限制批已经不能再中断了，故在时刻 $(1+\alpha_m) S_4 + \alpha_m$ 中断机器 M_2 上的自由批 B_4，并和 J_5 合并成一个新的限制批 $B_5 = \{J_4, J_5\}$ 在时刻 $S_5 = (1+\alpha_m) S_4 + \alpha_m = (1+\alpha_m)^5 - 1$ 时在机器 M_2 上开工。之后第六个工件 J_6 在时刻 S_5 到达，由于 $(1+\alpha_m) S_5 + \alpha_m = (1+\alpha_m)^6 - 1 = (1+\alpha_m)^3 = S_3 + 1$，故在时刻 $(1+\alpha_m) S_5 + \alpha_m$，机器 M_1 上的限制批 B_3 正好完工，也因此第六个自由批 $B_6 = \{J_6\}$ 在时刻 $S_6 = (1+\alpha_m) S_5 + \alpha_m = (1+\alpha_m)^6 - 1$ 时在机器 M_1 上开工。$\sigma_{A(\alpha_m)}$ 中第六个批之后的其他批可类似产生。

假设在时刻 0.15，工件 J_1 到达，按照算法 ALG_m，此时 $i = 1$。由于 $0.15 < (1+\alpha_m) - 1$。此时 $j_1 = 1$。由于 B_1 在 $\sigma_{A(\alpha_m)}$ 中是自由批，根据算法 ALG_m 的步骤 5 和步骤 6，我们将在时刻 $(1+\alpha_m) - 1$ 开始加工第一个批 $B_1^{\text{ALG}} = \{J_1\}$，加工的机器即 B_1 在 $\sigma_{A(\alpha_m)}$ 中的加工机器 M_1。在时刻 0.5，工件 J_2 到达，按照算法 ALG_m，此时 $i = 2$。由于 $(1+\alpha_m)^2 - 1 < 0.5 < (1+\alpha_m)^3 - 1$，此时 $j_2 = 3$。由于 B_2 在 $\sigma_{A(\alpha_m)}$ 中是自由批，根据算法 ALG_m 的步骤 5 和步骤 6，我们将在时刻 $(1+\alpha_m)^3 - 1$ 开始加工第二个批 $B_2^{\text{ALG}} = \{J_2\}$，加工的机器即 B_2 在 $\sigma_{A(\alpha_m)}$ 中的加工机器 M_2。在时刻 0.8，工件 J_3 到达，按照算法 ALG_m，此时 $i = 3$。由于 $(1+\alpha_m)^3 - 1 < 0.8 < (1+\alpha_m)^4 - 1$，此时 $j_3 = 4$。由于 B_3 在 $\sigma_{A(\alpha_m)}$ 中是限制批，根据算法 ALG_m 的步骤 4 和步骤 6，我们将在时刻 $(1+\alpha_m)^4 - 1$ 中断 B_1^{ALG} 和 B_2^{ALG}，并和 J_3 合并成一个新的指派限制批 $B_3^{\text{ALG}} = \{J_1, J_2, J_3\}$ 开始

加工，加工的机器即B_3在$\sigma_{A(\alpha_m)}$中的加工机器M_1。

例2.2 我们考虑$m=3$的情况，此时$\alpha_m=\alpha$（10，4）≈ 0.0926。于是，我们得到$\sigma_{A(\alpha_m)}$。

$\sigma_{A(\alpha_m)}$：第一个工件J_1在0时刻到达，第一个自由批$B_1=\{J_1\}$在时刻$S_1=\alpha_m$时在机器M_1上开工。第二个工件J_2在时刻S_1到达，第二个自由批$B_2=\{J_2\}$在时刻$S_2=$（$1+\alpha_m$）$S_1+\alpha_m=$（$1+\alpha_m$）$^2-1$时在机器M_2上开工。第三个工件J_3在时刻S_2到达，第三个自由批$B_3=\{J_3\}$在时刻$S_3=$（$1+\alpha_m$）$S_2+\alpha_m=$（$1+\alpha_m$）$^3-1$时在机器M_3上开工。第四个工件J_4在时刻S_3到达，此时由于（$1+\alpha_m$）$S_3+\alpha_m=$（$1+\alpha_m$）$^4-1<$（α_m+1）$=S_1+1$，所以在时刻（$1+\alpha_m$）$S_3+\alpha_m$时，第一个批B_1还没有完工。这意味着在时刻（$1+\alpha_m$）$S_3+\alpha_m$时，三台机器都在加工自由批，故按照算法A（α_m），在时刻（$1+\alpha_m$）$S_3+\alpha_m=$（$1+\alpha_m$）$^4-1$中断三台机器上的自由批，并和J_4合并成一个新的限制批$B_4=\{J_1，J_2，J_3，J_4\}$，在机器M_1上开工。第五个工件J_5在时刻S_4到达，第五个自由批$B_5=\{J_5\}$在时刻$S_5=$（$1+\alpha_m$）$S_4+\alpha_m=$（$1+\alpha_m$）$^5-1$时在机器M_2上开工。第六个工件J_6在时刻S_5到达，第六个自由批$B_6=\{J_6\}$在时刻$S_6=$（$1+\alpha_m$）$S_5+\alpha_m=$（$1+\alpha_m$）$^6-1$时在机器M_3上开工。第七个工件J_7在时刻S_6到达，由于（$1+\alpha_m$）$S_6+\alpha_m=$（$1+\alpha_m$）$^7-1<$（$1+\alpha_m$）$^4=S_4+1$，故在时刻（$1+\alpha_m$）$S_6+\alpha_m$时，机器M_1上的限制批B_4和机器M_2，M_3的自由批B_5和B_6没有完工。由于限制批已经不能再中断了，故在时刻（$1+\alpha_m$）$S_6+\alpha_m$中断机器M_2，M_3的自由批B_5，B_6，并和J_7合并成一个新的限制批$B_7=\{J_5，J_6，J_7\}$，在时刻$S_7=$（$1+\alpha_m$）$S_6+\alpha_m=$（$1+\alpha_m$）$^7-1$时在机器M_2上开工。第八个工件J_8在时刻S_7到达，第八个自由批$B_8=\{J_8\}$在时刻$S_8=$（$1+\alpha_m$）$S_7+\alpha_m=$（$1+\alpha_m$）$^8-1$，在机器M_3上开工。第九个工件J_9在时刻S_8到达，由于（$1+\alpha_m$）$S_8+\alpha_m=$（$1+\alpha_m$）$^9-1<$（$1+\alpha_m$）$^4=S_4+1$，故在时刻（$1+\alpha_m$）$S_8+\alpha_m$时，机器M_1上的限制批B_4、机器M_2上的限制批B_7和机器M_3的自由批B_8都没有完工。由于限制批已经不能再中断了，故在时刻（$1+\alpha_m$）$S_8+\alpha_m$中断机器M_3的自由批B_8，并和J_9合并成一个新的限制批$B_9=\{J_8，J_9\}$，在时刻$S_9=$（$1+\alpha_m$）$S_8+\alpha_m=$（$1+\alpha_m$）$^9-1$时在机器M_3上开工。第十个工件J_{10}在时

刻S_9到达，由于$(1+\alpha_m)$ $S_9+\alpha_m=(1+\alpha_m)^{10}-1=(1+\alpha_m)^4=S_4+1$。因此，在时刻$(1+\alpha_m)$ $S_9+\alpha_m$时，机器M_1上的限制批B_4已经完工，故在时刻$(1+\alpha_m)$ $S_9+\alpha_m$，第十个自由批$B_{10}=\{J_{10}\}$在时刻$S_{10}=$ $(1+\alpha_m)$ $S_9+\alpha_m=(1+\alpha_m)^{10}-$ 1时在机器M_1上开工。$\sigma_{A(\alpha_m)}$中第十批之后的其他批可类似产生。

假设在时刻0.1，工件J_1到达，按照算法ALG_m，此时$i=1$。由于$(1+\alpha_{m-1})-1<0.1<(1+\alpha_m)^2-1$，此时$j_1=2$。由于$B_1$在$\sigma_{A(\alpha_m)}$中是自由批，根据算法$\mathrm{ALG}_m$步骤5和步骤6，我们将在时刻$(1+\alpha_m)^2-1$开始加工第一个批$B_1^{\mathrm{ALG}}=\{J_1\}$，加工的机器即为$B_1$在$\sigma_{A(\alpha_m)}$中的加工机器$M_1$。在时刻$0.32$，工件$J_2$到达，按照算法$\mathrm{ALG}_m$，此时$i=2$。由于$(1+\alpha_m)^3-1<0.32<(1+\alpha_m)^4-1$，此时$j_2=4$。由于$B_2$在$\sigma_{A(\alpha_m)}$中是自由批，根据算法$\mathrm{ALG}_m$的步骤5和步骤6，我们将在时刻$(1+\alpha_m)^4-1$开始加工第二个批$B_2^{\mathrm{ALG}}=\{J_2\}$，加工的机器即$B_2$在$\sigma_{A(\alpha_m)}$中的加工机器$M_2$。在时刻$0.46$，工件$J_3$到达，按照算法$\mathrm{ALG}_m$，此时$i=3$。由于$(1+\alpha_m)^4-1<0.46<(1+\alpha_m)^5-1$，此时$j_3=5$。由于$B_3$在$\sigma_{A(\alpha_m)}$中是自由批，根据算法$\mathrm{ALG}_m$的步骤5和步骤6，我们将在时刻$(1+\alpha_m)^5-1$开始加工第三批$B_3^{\mathrm{ALG}}=\{J_3\}$，加工的机器即$B_3$在$\sigma_{A(\alpha_m)}$中的加工机器$M_3$。在时刻$0.6$，工件$J_4$到达，由于$(1+\alpha_m)^5-1<0.6<(1+\alpha_m)^6-1$，此时$j_4=6$。由于$B_4$在$\sigma_{A(\alpha_m)}$中是限制批，根据算法$\mathrm{ALG}_m$的步骤4和步骤6，我们将在时刻$(1+\alpha_m)^6-1$中断$B_1^{\mathrm{ALG}}$、$B_2^{\mathrm{ALG}}$和$B_3^{\mathrm{ALG}}$，并和$J_4$合并成一个新的指派限制批$B_4^{\mathrm{ALG}}=\{J_1,J_2,J_3,J_4\}$开始加工，加工的机器即$B_4$在$\sigma_{A(\alpha_m)}$中的加工机器$M_1$。

3 允许有限重启的单台平行批处理机排序问题

3.1 问题介绍

本章我们研究等长工件在一台容量有限的平行批处理机上加工的在线排序问题，其中工件允许有限重启，批容量是 b，目标函数是最小化最大完工时间。利用三参数表示法，该问题可以表示为 $1 \mid \text{online}, r_j, p_j = 1, p\text{-batch}, b < +\infty, L\text{-restart} \mid C_{\max}$。

我们的研究结果表明，这一问题的在线算法的竞争比与批的容量有关系。令 α 是方程 $(1+x)(2x^2 + 4x + 1) = 3$ 的唯一的正根，β 是方程 $x(1+x)^2 = 1$ 的唯一的正根。当 $b = 2$ 时，我们证明了任意在线算法的竞争比都不小于 $1 + \alpha$，并给出了一个竞争比为 $1 + \alpha$ 的最优在线算法 H_L（$b = 2$）。当 $b \geq 3$ 时，我们证明了任意在线算法的竞争比都不小于 $1 + \beta$，并给出了一个竞争比为 $1 + \beta$ 的最优在线算法 H_L（$b \geq 3$）。

本章中，限制批和自由批的定义与第 2 章相同。注意，在有限重启的条件下，由于每个工件至多被重启一次，正在加工的限制批就不能再被中断了。满批指的是该批中工件数目等于批容量 b，不满的批指的是该批中工件数目小于批容量 b。对于一个实例 I，$C_{\text{on}} = C_{\text{on}}(I)$ 和 $C_{\text{opt}} = C_{\text{opt}}(I)$ 分别用来表示在线算法的目标函数值和与最优离线算法的目标函数值。我们

用B_i表示在线排序中的第 i 个开始加工的批，S_i表示B_i的开工时间。若排序共有 n 批，则r_i表示集合$\{B_i, B_{i+1}, \cdots, B_n\} \setminus B_{i-1}$中工件最早的到达时间。对于一个集合 J，我们用$|J|$代表 J 中工件的个数，用 $U(t)$ 表示在时刻 t 已经到达但尚未安排加工的工件的集合。

下面，我们给出一个在线算法中经常会引用的一个子算法，称为 Restart (k, t)。

Restart (k, t)：在时刻 t 中断正在加工的批B_k，并在$B_k \cup U(t)$ 中选取包含B_k中所有工件的 $\min\{b, |B_k \cup U(t)|\}$ 个工件作为B_{k+1}在时刻 t 开工，同时令 $k=k+1$。

3.2　批容量为 2 时问题的下界

注意，α 是方程 $(1+x)(2x^2+4x+1)=3$ 的唯一正根。下面我们先证明$1+\alpha$是该问题的竞争比的下界。

定理 3.1　排序问题 $1|online, r_j, p_j=1, p\text{-batch}, b=2, L\text{-restart}|C_{\max}$ 不存在竞争比小于 $1+\alpha$ 的在线算法。

证明：假设存在一个在线算法 H 的竞争比小于 $1+\alpha$，我们考虑下面的实例。在时刻 0，第一个工件J_1到达，并且在J_1开工前没有工件到来。根据在线算法 H 的竞争比小于 $1+\alpha$，我们可以得出第一个批$B_1 = \{J_1\}$ 的开工时间满足$S_1 < \alpha$，随后第二个工件J_2在时刻 2α 到来，并且在J_2开工前没有新工件到达。我们考虑两种情形：一是 $S_2 < S_1 + 1$；二是 $S_2 \geq S_1 + 1$。

情形一：$S_2 < S_1 + 1$。即B_2中断了B_1的加工，此时$B_2 = \{J_1, J_2\}$ 是一个限制批，并且满足 $2\alpha \leq S_2 < S_1 + 1 < 1 + \alpha$。随后，第三个工件$J_3$在时刻$S_2$到达，并且之后没有新工件到达。在离线排序中，我们可以在时刻 0 加工J_1，将 $\{J_2, J_3\}$ 作为一批在时刻 $\max\{1, S_2\}$ 加工，所以我们有$C_{opt} \leq \max\{2, S_2+1\}$。因为$B_2$是一个限制批，所以$B_2$在在线排序中不能再中断了，因此$C_{on} \geq S_2 + 2 \geq 2\alpha + 2$。这样我们就得到

$$C_{\text{on}}/C_{\text{opt}} \geq (S_2+2) / \max \{2, S_2+1\}$$

$$= \min \{ (S_2+2)/2, (S_2+2)/(S_2+1) \}$$

$$\geq \min \{ (2\alpha+2)/2, 1+1/(2+\alpha) \}$$

$$= 1+\alpha,$$

与假设矛盾。

情形二：$S_2 \geq S_1+1$。此时 B_2 是一个仅包含 J_2 的自由批，如果 B_2 的开工时间满足 $S_2 \geq 2\alpha(1+\alpha)+\alpha$，那么之后不再有新工件到达，因此 $C_{\text{on}} = S_2+1$。在离线排序中，我们可以把 $\{J_1, J_2\}$ 作为一批在时刻 2α 开始加工，因此 $C_{\text{opt}} \leq 2\alpha+1$。这样我们就得到

$$C_{\text{on}}/C_{\text{opt}} \geq (S_2+1)/(2\alpha+1)$$

$$\geq [2\alpha(1+\alpha)+\alpha+1]/(2\alpha+1)$$

$$= 1+\alpha$$

与假设矛盾，因此我们可以得到 $S_1+1 \leq S_2 < 2\alpha(1+\alpha)+\alpha$。那么在时刻 $r_3 = 2\alpha^2+4\alpha$，工件 J_3 到达。注意，$S_2 \geq 1$ 和 $S_2 < r_3 < S_2+1$。

如果 $S_3 \geq S_2+1$，那么不再有新工件到达，因此 $C_{\text{on}} = S_3+1$。在离线排序中，我们可以在时刻 0 开始加工 J_1，再将 $\{J_2, J_3\}$ 作为一批在时刻 r_3 开始加工，因此 $C_{\text{opt}} \leq r_3+1$。那么，我们有

$$C_{\text{on}}/C_{\text{opt}} \geq (S_3+1)/(r_3+1)$$

$$\geq (S_2+2)/(r_3+1)$$

$$\geq 3/(2\alpha^2+4\alpha+1)$$

$$= 1+\alpha$$

与假设矛盾。

综上所述，我们有 $S_3 < S_2+1$。那么，B_3 就中断了 B_2 的加工，所以 $B_3 = \{J_2, J_3\}$ 就是一个限制批。之后，在时刻 S_3，工件 J_4 到达。因为 B_3 是限制批，在在线排序中不能被中断，所以 $C_{\text{on}} \geq S_3+2 \geq r_3+2 = 2\alpha^2+4\alpha+2 = 2(1+\alpha)^2$。在离线排序中，我们可以将 $\{J_1, J_2\}$ 作为一批在时刻 2α 开始开工，将 $\{J_3, J_4\}$ 作为一批在时刻 $\max\{1+2\alpha, S_3\}$ 开始加工。那么，$C_{\text{opt}} \leq \max\{2+2\alpha, S_3+1\}$。注意，$S_3 < S_2+1 < (1+\alpha)2\alpha+\alpha+1$ 和 $S_3 \geq r_3$。因

此我们有

$$C_{on}/C_{opt} \geq (S_3+2) /\max \{2+2\alpha, S_3+1\}$$
$$=\min \{ (S_3+2) / (2+2\alpha), 1+1/ (S_3+1) \}$$
$$\geq\min \{1+\alpha, 1+1/ [(1+\alpha) 2\alpha+\alpha+2] \}$$
$$=1+\alpha$$

与假设矛盾。

故假设存在一个在线算法 H 的竞争比小于 $1+\alpha$ 是错误的，定理证毕。

3.3 批容量为 2 时的在线算法及竞争比分析

下面我们给出算法 H_L （$b=2$）。在算法中，对于第 k 个加工批 B_k，我们定义 B_{k^*} 为同时满足 $k^* \leq k$ 和 $r_{k^*} = S_{k^*}$ 的最晚开工的自由批。

算法 H_L （$b=2$）有 5 个步骤。

令 $k= 0$。

步骤 1：在当前时刻 t，进行步骤 2 至步骤 5。

步骤 2：如果机器是空闲的并且 $U(t)$ 不是空集，那么在 $U(t)$ 中选择 $\min \{2, |U(t)|\}$ 个工件作为一批，并在时刻 t 开始加工。同时，我们令 $k=k+1$。

步骤 3：如果机器正在加工自由批 B_k，$k=k^*$，$|B_k|=1$，$U(t)$ 不是空集，当满足 $t=S_k+\alpha$，或者 $U(S_k+\alpha)$ 是空集且 $t=S_k+2\alpha$ 时，执行算法 Restart (k, t)。

步骤 4：如果机器正在加工自由批 B_k，$k\geq k^*+1$，$|B_k|=1$，并且 $U(t)$ 不是空集，则进行步骤 4.1 至步骤 4.4。

步骤 4.1：如果 $|B_{k^*}|=2$，$k\in \{k^*+1, k^*+2\}$ 并且 $t=S_k+2\alpha$，则在时刻 t 执行算法 Restart (k, t)。

步骤 4.2：如果 $|B_{k^*}|=1$，$k=k^*+1$ 并且 $t\leq S_{k^*}+2\alpha (2+\alpha)$，则在时刻 t 执行算法 Restart (k, t)。

步骤 4.3：如果 $|B_{k^*}|=1$，$k \geqslant k^*+2$，B_{k^*+1} 是自由批，$t=S_k+2\alpha$ 并且 $|U(t)|=1$，则在时刻 t 执行算法 Restart (k, t)。

步骤 4.4：如果 B_{k^*+1} 是时刻 t 之前开工的唯一的限制批，$k^*+2 \leqslant k \leqslant k^*+3$，并且满足 $S_{k^*+1}=S_{k^*}+\alpha$ 和 $t=S_k+2\alpha$ 或者 $S_{k^*+1}=S_{k^*}+2\alpha$ 和 $t=S_k+\alpha$，则在时刻 t 执行算法 Restart (k, t)。

步骤 5：否则，等待新工件到来或机器有空闲时并回到步骤 1。

我们举例说明一下算法的运行。

例 3.1   在时刻 0，工件 J_1 到达。按照算法的步骤 2，在时刻 $t=0$ 开始加工第一个批，$B_1=\{J_1\}$，$S_1=0$。在时刻 0.25，工件 J_2 到达。按照 k^* 的定义可知，当 $k=1$ 时，$k^*=k$。由于 $|B_1|=1$ 且 $0.25<S_1+\alpha$，按照算法的步骤 3，在时刻 $t=S_1+\alpha$ 时中断 B_1 的加工并且开始加工新的限制批 $B_2=\{J_1, J_2\}$，$S_2=S_1+\alpha=\alpha$。在时刻 0.35，工件 J_3 到达，按照算法的步骤 2 和步骤 5，在时刻 $t=S_2+1$ 开始加工第三个批 $B_3=\{J_3\}$，$S_3=S_2+1=\alpha+1$。例 3.1 的运行结果如图 3.1 所示。

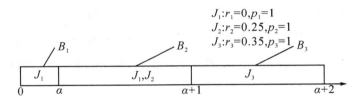

图 3.1　例 3.1 的运行结果

例 3.2   在时刻 0.1，工件 J_1 和 J_2 到达。按照算法的步骤 2，在时刻 $t=0.1$ 开始加工第一个批，$B_1=\{J_1, J_2\}$，$S_1=0.1$。在时刻 1.2，工件 J_3 到达。由于在时刻 1.2 时 B_1 已完工，按照算法的步骤 2，在时刻 $t=1.2$ 开始加工第二个批 $B_2=\{J_3\}$，$S_2=1.2$。在时刻 1.6，工件 J_4 到达。考虑到 $S_2=r_2$，按照 k^* 的定义可知，当 $k=2$ 时，$k^*=2$。由于 $|B_2|=1$，$S_2+\alpha<1.6<S_2+2\alpha$，按照算法的步骤 3，在时刻 $t=S_2+2\alpha$ 时中断 B_2 的加工并且开始加工新的限制批 $B_3=\{J_3, J_4\}$，$S_3=S_2+2\alpha=1.2+2\alpha$。

例 3.3   在时刻 0.2，工件 J_1 到达。按照算法的步骤 2，在时刻 $t=0.2$

时开始加工第一个批，$B_1 = \{J_1\}$，$S_1 = 0.2$。在时刻 0.95，工件J_2到达。按照k^*的定义可知，当 $k=1$ 时，$k^* = k$。由于 $|B_1| = 1$，$0.95 > S_1 + 2\alpha = 0.2 + 2\alpha$，按照算法的步骤 3，在时刻$t = S_1 + 1$ 时开始加工新的批，$B_2 = \{J_2\}$，$S_2 = S_1 + 1 = 1.2$。在时刻 1.4，工件J_3到达。由于满足$|B_{k^*}| = |B_1| = 1$，$k = 2 = k^* + 1$ 并且 $1.4 < 0.2 + 2\alpha(2+\alpha) = S_{k^*} + 2\alpha(2+\alpha)$，按照算法的步骤 4.2，在时刻$t = 1.4$ 中断B_2的加工并且开始加工新的限制批，$B_3 = \{J_2, J_3\}$，$S_3 = 1.4$。

观察 3.1 从算法H_L（$b=2$）及批容量为 2 的假设可知：

（1）如果$|B_k| = 1$，那么B_k一定是自由批；如果B_k是限制批，那么$|B_k| = 2$，即B_k是满批。

（2）如果$k^* = 1$，$S_1 = 0$，并且B_{k+1}是限制批，一定有 $C_1 \sim C_7$ 种情形中的某种情况发生。

C_1：$|B_1| = 2$，$k = 2, 3$，$|B_k| = 1$，并且$S_k < r_{k+1} \le S_{k+1} = S_k + 2\alpha$。

C_2：$|B_1| = 1$，$k = 1$，并且$S_k < r_{k+1} \le S_{k+1} = S_k + \alpha$。

C_3：$|B_1| = 1$，$k = 1$，并且$S_k + \alpha < r_{k+1} \le S_{k+1} = S_k + 2\alpha$。

C_4：$|B_1| = |B_2| = 1$，$k = 2$，并且$S_k < r_{k+1} = S_{k+1} \le S_{k^*} + 2\alpha(2+\alpha)$。

C_5：$|B_1| = |B_k| = 1$，$k \ge 3$，B_2是自由批，$|U(S_{k+1})| = 1$，并且$S_k < r_{k+1} \le S_{k+1} = S_k + 2\alpha$。

C_6：$|B_1| = |B_k| = 1$，$3 \le k \le 4$，B_2是S_{k+1}之前开工的唯一的限制批，$S_2 = S_1 + \alpha$，并且$S_k < r_{k+1} \le S_{k+1} = S_k + 2\alpha$。

C_7：$|B_1| = |B_k| = 1$，$3 \le k \le 4$，B_2是S_{k+1}之前开工的唯一的限制批，$S_2 = S_1 + 2\alpha$，并且$S_k < r_{k+1} \le S_{k+1} = S_k + \alpha$。

定理 3.2 对于排序问题 $1 \mid \text{online}, r_j, \ p_j = 1, \ p-\text{batch}, \ b=2, \ L-\text{restart} \mid C_{\max}$，$H_L$（$b=2$）是一个竞争比为 $1+\alpha$ 的最好可能的在线算法。

证明： 我们使用反证法，令 I 是一个满足$C_{\text{on}}/C_{\text{opt}} > 1 + \alpha$ 的最小实例，这里最小指的是$|I| + C_{\text{opt}}$尽可能地小。算法H_L（$b=2$）作用于实例I产生了包含 n 个批$B_1, B_2, \cdots, B_n$的排序 σ，因此$C_{\text{on}} = S_n + 1$。根据B_{k^*}的定义，对于任意的B_k，总是有$r_{k^*} = S_{k^*}$。因此，我们知道$n \ge 2$。

令 t 是最小时刻点，使得 t 和 C_{on} 之间机器没有空闲且在 $[t, C_{on}]$ 开工的批都没被中断。假设有 h 个批 B_{n-h+1}，$\cdots$，B_n 在 $[t, C_{on}]$ 开工，那么 $C_{on} = t + h$。记 $n' = n - h + 1$。因此，$S_{n'} = t$。

根据假设和算法，我们有多个断言。

断言一 $n^* = 1$，$S_1 = 0$。

注意，$S_{n^*} = r_{n^*}$。那么，C_{on} 和 C_{opt} 是由 B_{n^*}，$\cdots$，B_n 中的工件决定。因为 I 是最小反例，所以我们有 $n^* = 1$。如果 $S_1 > 0$，令 $r'_j = r_j - S_1$，我们得到一个新的实例 I'，满足 $C_{on}(I') = C_{on} - S_1$ 和 $C_{opt}(I') = C_{opt} - S_1$。这样 $\dfrac{C_{on}(I')}{C_{opt}(I')} > \dfrac{C_{on}(I)}{C_{opt}(I)} > 1 + \alpha$，这就与 I 是最小反例相矛盾。断言一成立。

断言二 B_n 是自由批，$h \geq 2$。

假设 B_n 是限制批，那么 $|B_{n-1}| = 1$。令 $k = n - 1$，我们考虑观察 3.1（2）中的不同情形。

如果情形 C_2、情形 C_3 或者情形 C_7 出现，我们有 $C_{on} - C_{opt} \leq S_n - r_n < \alpha \leq \alpha C_{opt}$，这就与 I 是反例相矛盾。

如果情形 C_1、情形 C_5 或者情形 C_6 出现，我们有 $C_{opt} \geq 2$ 和 $C_{on} - C_{opt} \leq S_n - r_n < 2\alpha \leq \alpha C_{opt}$，这就与 I 是反例相矛盾。

如果情形 C_4 出现，我们有 $S_n = r_n$ 和 $C_{on} = C_{opt}$，这就与 I 是反例相矛盾。

综上所述，B_n 是自由批。如果 $h = 1$，那么 $t = S_n$ 且存在一个很小的时间区间 $[S_n - \varepsilon, S_n]$ 上机器是空闲的（这里 ε 是一个足够小的正数），所以 $r_n = S_n$。因此，$C_{on} = C_{opt}$，这就与 I 是反例相矛盾。断言二成立。

断言三 在这 $h - 1$ 个批 $B_{n'}$，$\cdots$，B_{n-1} 中，至少有一个是不满的。

否则，这 $h - 1$ 个批 $B_{n'}$，$\cdots$，B_{n-1} 都是满批。令 $J' = B_{n'} \cup \cdots \cup B_n$，那么我们有 $|J'| \geq 2h - 1$ 和 $C_{opt} \geq h \geq 2$。

如果 $B_{n'}$ 是自由批，那么 J' 中的所有工件的到达时间不早于 t。因此，$C_{opt} \geq t + h = C_{on}$，这就与 I 是反例相矛盾，所以 $B_{n'}$ 只能是限制批。这意味着 $n' \geq 2$。令 $k = n' - 1$，那么 B_k 是不满的自由批。我们考虑观察 3.1（2）中的各种情形。

如果情形 C_1 发生，那么 $k=2$，3，$|B_1|=2$。如果 $k=2$，那么我们有 $C_{opt} \geq 1+h$，$C_{on}=S_3+h=1+h+2\alpha$。因此，$C_{on}-C_{opt} \leq 2\alpha \leq \alpha C_{opt}$，这就与 I 是反例相矛盾。如果 $k=3$，$|B_2|=2$，那么 $C_{opt} \geq 2+h$，$C_{on}=S_4+h=2+h+2\alpha$。因此，$C_{on}-C_{opt} \leq 2\alpha \leq \alpha C_{opt}$，就与 I 是反例相矛盾。如果 $k=3$，$|B_2|=1$，注意 B_3 是自由批，我们有 $S_3=S_2+1$ 和 $r_3 > S_2+2\alpha=1+2\alpha$。那么，$C_{opt} \geq r_3+h > 1+h+2\alpha \geq 3+2\alpha$，$C_{on}=S_4+h=2+h+2\alpha$。因此，$C_{on}-C_{opt} < 1 < \alpha C_{opt}$，就与 I 是反例相矛盾。

如果情形 C_2 或情形 C_3 发生，那么我们有 $k=1$，$S_2 \leq 2\alpha$。注意，$C_{on}=S_2+h$ 和 $C_{opt} \geq h$，所以 $C_{on}-C_{opt} \leq 2\alpha \leq \alpha C_{opt}$，这就与 I 是反例相矛盾。

如果情形 C_4 发生，那么 $k=2$，$|B_1|=|B_2|=1$，$S_3=r_3 \leq 2\alpha(2+\alpha)$。因为 B_1 没有被 B_2 中断，我们有 $r_2 > 2\alpha$。如果 B_1 中的唯一的工件在最优离线排序中开工时间不早于 r_2，那么 $C_{opt} \geq r_2+h > 2\alpha+h$；如果该工件在最优离线排序中开工时间早于 r_2，那么 $C_{opt} \geq 1+h$。考虑以上两种情况，我们总是有 $C_{opt} > 2\alpha+h \geq 2\alpha+2$。由于 $C_{on}=S_3+h \leq 2\alpha(2+\alpha)+h$，因此 $C_{on}-C_{opt} \leq 2\alpha(1+\alpha) \leq \alpha C_{opt}$，这就与 I 是反例相矛盾。

如果情形 C_5 发生，那么 $k \geq 3$，$S_k \geq 2$，$|B_1|=|B_k|=1$，$r_{n'+1} > S_k+2\alpha=S_{n'}$，所以 $C_{opt} \geq r_{n'+1}+h-1 > S_k+2\alpha+h-1 \geq 2\alpha+3$，$C_{on}=S_k+2\alpha+h$。因此，$C_{on}-C_{opt} \leq 1 < \alpha(2\alpha+3) \leq \alpha C_{opt}$，就与 I 是反例相矛盾。

如果情形 C_6 发生，那么 $k \in \{3, 4\}$，$S_2=\alpha$，$S_{k+1}=S_k+2\alpha$。当 $k=3$ 时，我们有 $|B_1|=|B_3|=1$ 和 $r_4 > S_3$。如果 $B_1 \cup B_2 \cup B_3$ 中所有工件在最优离线排序中的开工时间都不晚于 S_3，那么 $C_{opt} \geq 1+h$；如果 $B_1 \cup B_2 \cup B_3$ 中有工件在最优离线排序中的开工时间晚于 S_3，那么 $C_{opt} \geq S_3+h$。综合以上两种情况，我们总是有 $C_{opt} \geq 1+h \geq 3$。由于 $C_{on}=S_3+2\alpha+h=3\alpha+1+h$，我们得到 $C_{on}-C_{opt} \leq 3\alpha \leq \alpha C_{opt}$，这就与 I 是反例相矛盾。当 $k=4$ 时，我们有 $|B_1|=|B_4|=1$ 和 $r_5 > S_4$。注意，或者 $|B_3|=2$ 成立，或者 $|B_3|=1$ 和 $r_4 > S_3+2\alpha$ 成立。考虑到 $S_3+2\alpha+h=3\alpha+1+h$，那么 $C_{opt} \geq \min\{h+2, S_3+2\alpha+h\}=S_3+2\alpha+h=3\alpha+1+h \geq 3(\alpha+1)$。因为 $C_{on}=S_4+2\alpha+h=S_3+1+2\alpha+h$，所以 $C_{on}-C_{opt} \leq 1 < 3\alpha(\alpha+1) \leq \alpha C_{opt}$，这就与 I 是反例相矛盾。

如果情形 C_7 发生，那么 $k \in \{3, 4\}$，$S_2 = 2\alpha$，$S_{k+1} = S_k + \alpha$。如果 $k = 3$，我们有 $|B_1| = |B_3| = 1$ 和 $r_4 > S_3$。如果 $B_1 \cup B_2 \cup B_3$ 中的所有工件在最优离线排序中的开工时间都不晚于 S_3，那么 $C_{opt} \geq 1 + h$；如果 $B_1 \cup B_2 \cup B_3$ 中有工件在最优离线排序中的开工时间晚于 S_3，那么 $C_{opt} \geq S_3 + h$。综合以上两种情况，我们总是有 $C_{opt} \geq 1 + h \geq 3$。因为 $C_{on} = S_3 + \alpha + h = 3\alpha + 1 + h$，所以 $C_{on} - C_{opt} \leq 3\alpha \leq \alpha \, C_{opt}$，这就与 I 是反例相矛盾。如果 $k = 4$，我们有 $|B_1| = |B_4| = 1$ 和 $r_5 > S_4$。注意，或者 $|B_3| = 2$ 成立，或者 $|B_3| = 1$ 和 $r_4 > S_3 + \alpha$ 成立。考虑到 $S_3 + \alpha + h = 3\alpha + 1 + h$，所以 $C_{opt} \geq \min \{h + 2, \ S_3 + \alpha + h\} = 3\alpha + 1 + h \geq 3 \, (\alpha + 1)$。因为 $C_{on} = S_4 + \alpha + h = S_3 + 1 + \alpha + h$，所以 $C_{on} - C_{opt} \leq 1 < 3\alpha \, (\alpha + 1) \leq \alpha \, C_{opt}$，这就与 I 是反例相矛盾。综上所述，断言三成立。

根据断言三，我们可以定义 B_k 是 $B_{n'}$，$\cdots$，B_{n-1} 中最后一个不满批，那么 B_k 一定是自由批。令 $l = n - k + 1$ 是在时间区间 $[S_k, \ C_{on}]$ 中加工的工件批的数目，那么 $C_{on} = S_k + l$，$C_{opt} \geq S_k + l - 1$，$l \geq 2$，同时 B_{k+1}，$\cdots$，B_n 都是自由批。

断言四 $|B_1| = 1$。

我们假设 $|B_1| = 2$。如果 $k \in \{2, 3\}$，因为 B_k 是不满的自由批并且没有被中断，根据情形 C_1，我们有 $r_{k+1} > S_k + 2\alpha$，因此 $C_{opt} \geq S_k + 2\alpha + l - 1$。由此可见，$C_{on} / C_{opt} \leq (S_k + l) / (S_k + 2\alpha + l - 1) \leq 2 / (2\alpha + 1) < 1 + \alpha$，与 I 是反例相矛盾。

如果 $k > 3$，无论 B_k 之前有无限制批，我们总有 $S_k \geq 2\alpha + 2$。因为 B_k 是不满的，我们有 $C_{opt} \geq S_k + l - 1$，所以 $C_{on} / C_{opt} \leq (S_k + l) / (S_k + l - 1) = 1 + 1 / (S_k + l - 1) \leq 1 + 1 / (2\alpha + 3) < 1 + \alpha$，这就与 I 是反例相矛盾。综上所述，断言四成立。

断言五 B_2 是自由批。

假设 B_2 是限制批。那么 $k \geq 3$。如果 $k = n - 1$，那么 $C_{on} = S_k + 2$，$C_{opt} \geq S_k + 1$。如果在 S_k 之前有两个限制批加工，根据情形 C_6 和情形 C_7，我们有 $S_k \geq 3\alpha + 2$，因此 $C_{on} / C_{opt} \leq (S_k + 2) / (S_k + 1) \leq 1 + 1 / (3\alpha + 3) < 1 + \alpha$，这就与 I 是反例相矛盾。

如果在S_k之前仅有一个限制批加工，即B_2是S_k之前唯一的限制批，根据情形C_2和情形C_3，我们有$S_k \geq k-2+\alpha \geq 1+\alpha$。当$k \leq 4$时，因为$B_k$是不满的自由批，并且没有被$B_{k+1}$中断，根据情形$C_6$和情形$C_7$，我们有$r_n > S_k+\alpha$，所以$C_{opt} \geq S_k+\alpha+1 \geq 2+2\alpha$。当$k \geq 5$时，我们有$C_{opt} \geq S_k+1 \geq \alpha+4$，所以$(C_{on}-C_{opt})/C_{opt} \leq \max\{(1-\alpha)/(2+2\alpha), 1/(\alpha+4)\} < \alpha$，与$I$是反例相矛盾。因此，$k \leq n-2$，从而$l \geq 3$。

如果$S_2 = S_1+2\alpha$，那么$S_k \geq S_3 \geq 1+2\alpha$。因此，$C_{on}/C_{opt} \leq \dfrac{(S_k+l)}{(S_k+l-1)} = 1+1/(S_k+l-1) \leq 1+1/(2\alpha+3) < 1+\alpha$，这就与$I$是反例相矛盾。

下面我们假设$S_2 = S_1+\alpha$。如果$k=3$，因为B_k是不满的自由批，并且没有被B_{k+1}中断，我们有$r_{k+1} > S_k+2\alpha$。从而有$C_{opt} \geq S_k+2\alpha+l-1$。因此，有$C_{on}/C_{opt} \leq (S_k+l)/(S_k+2\alpha+l-1) \leq l/(2\alpha+l-1) \leq 3/(2\alpha+2) < 1+\alpha$，与$I$是反例相矛盾。如果$k \geq 4$，那么$S_k \geq \alpha+2$。因此，我们有$C_{on}/C_{opt} \leq (S_k+l)/(S_k+l-1) = 1+1/(S_k+l-1) \leq 1+1/(\alpha+4) < 1+\alpha$，这就与$I$是反例相矛盾。综上所述，断言五成立。

根据断言四和断言五我们可得$|B_1|=1$，并且B_2是自由批。根据情形C_2和情形C_3，我们有$r_2 > S_1+2\alpha = 2\alpha$。下面，我们分两种情形进行讨论。

情形一：$k=n-1$。那么$C_{on} = S_k+2$，$C_{opt} \geq S_k+1$。如果$k=1$，那么$r_n > S_k+2\alpha$，从而$C_{opt} \geq S_k+2\alpha+1$。因此，$C_{on}/C_{opt} \leq (S_k+2)/(S_k+2\alpha+1) \leq 2/(2\alpha+1) < 1+\alpha$，与$I$是反例相矛盾。

如果$k=2$，那么$C_{on}=3$。同时，根据情形C_4可知，$r_n > 2\alpha(2+\alpha)$，$C_{opt} > 2\alpha(2+\alpha)+1$。因此，$C_{on}/C_{opt} \leq 3/[2\alpha(2+\alpha)+1] = 1+\alpha$，与$I$是反例相矛盾。

如果$k=3$，那么$n=4$，$C_{on}=4$。如果$B_n=B_4$是不满的，根据情形C_5可知，$r_n > S_3+2\alpha = 2+2\alpha$，$C_{opt} > 3+2\alpha$。因此，我们有$C_{on}/C_{opt} \leq 4/(3+2\alpha) \leq 1+\alpha$，这就与$I$是反例相矛盾。

如果$B_n=B_4$是满的并且B_2不满，注意B_3是自由批，根据情形C_4可知，$r_3 > 2\alpha(2+\alpha)$，$C_{opt} \geq 2\alpha(2+\alpha)+2$，从而$C_{on}/C_{opt} \leq 4/[2\alpha(2+\alpha)+2] < 3/[2\alpha(2+\alpha)+1] = 1+\alpha$，与$I$是反例相矛盾。

如果$B_n = B_4$是满的并且B_2是满的，注意$r_2 > 2\alpha$，我们可以看到$C_{opt} \geq 2\alpha + 3$。因此，我们有$C_{on}/C_{opt} \leq 4/(2\alpha+3) < 1+\alpha$，这就与$I$是反例相矛盾。

如果$k=4$，那么$C_{on} = S_4 + 2$。如果B_3是自由批，那么$S_4 = 3$，$C_{opt} \geq S_4 + 1 = 4$。因此，$C_{on}/C_{opt} \leq 5/4 < 1+\alpha$，这就与$I$是反例相矛盾。

如果B_3是限制批并且B_5不满，根据情形 C_5 可知，$r_5 > S_4 + 2\alpha$，$C_{opt} > S_4 + 2\alpha + 1$。因此，我们有$C_{on}/C_{opt} \leq (S_4 + 2)/(S_4 + 2\alpha + 1) \leq 2/(2\alpha + 1) < 1+\alpha$，这就与$I$是反例相矛盾。

如果B_3是限制批并且B_5是满的，根据情况 C_4 可知，$S_3 \leq 2\alpha(2+\alpha)$，$C_{on} = S_4 + 2 = S_3 + 3 \leq 2\alpha(2+\alpha) + 3$。由于$r_2 > 2\alpha$，我们有$C_{opt} \geq 2\alpha + 3$，故$C_{on}/C_{opt} \leq [2\alpha(2+\alpha) + 3]/(2\alpha + 3) < 1+\alpha$，这就与$I$是反例相矛盾。

如果$k > 4$，那么$S_k \geq 3$。因此，$C_{on}/C_{opt} \leq (S_k + 2)/(S_k + 1) = 1 + 1/(S_k + 1) \leq 1 + 1/4 < 1+\alpha$，这就与$I$是反例相矛盾。

情形二：$k < n-1$。那么$l \geq 3$，$C_{on} = S_k + l$，$C_{opt} \geq S_k + l - 1$。

当$k=1$时，可得$C_{on} = l$，$C_{opt} \geq r_2 + l - 1 \geq 2\alpha + l - 1$，从而$C_{on}/C_{opt} \leq l/(2\alpha + l - 1) \leq 3/(2\alpha + 2) < 1+\alpha$，这就与$I$是反例相矛盾。

当$k=2$时，$C_{on} = S_2 + l = l + 1$，同时根据情形 C_4 可得$r_3 > 2\alpha(2+\alpha)$，由此可见，$C_{opt} \geq 2\alpha(2+\alpha) + l - 1$。因此$C_{on}/C_{opt} \leq (l+1)/[2\alpha(2+\alpha) + l - 1] \leq 4/[2\alpha(2+\alpha) + 2] < 3/[2\alpha(2+\alpha) + 1] = 1+\alpha$，这就与$I$是反例相矛盾。

当$k \geq 3$时，我们有$S_k \geq 2$，$C_{on}/C_{opt} \leq (S_k + l)/(S_k + l - 1) = 1 + 1/(S_k + l - 1) \leq 5/4 < 1+\alpha$，这就与$I$是反例相矛盾。

从以上分析可知，我们的假设存在反例I的竞争比大于$1+\alpha$是错误的，所以算法H_L（$b=2$）的竞争比不超过$1+\alpha$。从定理 3.1 可知，算法H_L（$b=2$）是一个竞争比为$1+\alpha$的最好可能的在线算法。定理证毕。

3.4　批容量大于 2 时问题的下界

我们定义β是方程$x(1+x)^2 = 1$的唯一的正根。下面，我们证明问题

的竞争比下界是 $1+\beta$。

定理 3.3 对于批容量大于 2 时的排序问题 $1 \mid online, r_j, \ p_j = 1, \ p-batch, \ 3 \leqslant b < +\infty, \ L-restart \mid C_{\max}$，不存在竞争比小于 $1+\beta$ 的在线算法。

证明：我们使用反证法。假设存在一个在线算法 H 的竞争比小于 $1+\beta$。我们考虑以下实例：

第一个工件 J_1 在时刻 0 到达，并且在 J_1 开工之前没有工件到达。为了使算法 H 的竞争比小于 $1+\beta$，我们有第一个加工批 $B_1 = \{J_1\}$ 的开工时间满足 $S_1 < \beta$。第二个工件 J_2 在时刻 S_1 到达。如果 $S_2 \geqslant (1+\beta) S_1 + \beta$，那么之后不再有新工件到达。我们很容易可以得到 $C_{opt} = S_1 + 1$，$C_{on} = S_2 + 1 \geqslant (1+\beta) S_1 + \beta + 1$，从而有 $C_{on}/C_{opt} \geqslant 1 + \beta$，这就与算法 H 的竞争比小于 $1+\beta$ 相矛盾。因此，$S_2 < (1+\beta) S_1 + \beta < S_1 + 1$，所以 B_2 是中断 B_1 产生的限制批。之后第三个工件 J_3 在时刻 S_2 到达，并且之后不再有新工件到达。因为在最优离线排序中我们可以把 $\{J_1, J_2, J_3\}$ 作为一批在时刻 S_2 开工，所以可得 $C_{opt} = S_2 + 1 < (1+\beta)(S_1 + 1) < (1+\beta)^2$。因为 B_2 是限制批不能被中断，所以 $C_{on} \geqslant S_2 + 2$。因此，$C_{on}/C_{opt} \geqslant (S_2 + 2)/(S_2 + 1) \geqslant 1 + 1/(1+\beta)^2 = 1 + \beta$，这就与算法 H 的竞争比小于 $1+\beta$ 相矛盾。由此可见，我们的假设存在竞争比小于 $1+\beta$ 的算法是错误的。定理证毕。

3.5　批容量大于 2 时的在线算法及竞争比分析

算法 H_L ($b \geqslant 3$) 有 5 个步骤。

令 $k = 0$。

步骤 1：在当前时刻 t，进行步骤 2 至步骤 5。

步骤 2：如果 $k = 0$ 并且 $U(t) \neq \varnothing$，则当满足 $|U(t)| \geqslant b$ 或者 $t \geqslant \beta$ 时，就在 $U(t)$ 中取 $\min \{b, |U(t)|\}$ 个工件作为一批在时刻 t 开工，令 $k = k + 1$。

步骤 3：如果 $k \geqslant 1$，机器是空闲的，并且 $U(t) \neq \varnothing$，则在 $U(t)$

中取 min $\{b, |U(t)|\}$ 个工件作为一批在时刻 t 开工。令 $k = k+1$。

步骤4：如果机器正在加工 B_k，$k \in \{1, 2\}$，B_k 是不满的自由批，$U(t) \neq \varnothing$，并且 $S_1 < (1-\beta)/\beta$，则进行步骤4.1和步骤4.2。

步骤4.1：如果 $k=1$，$t = (1+\beta)S_1 + \beta$，并且 $|B_1| + |U(t)| \leq b$，那么执行算法 Restart (k, t)。

步骤4.2：如果 $k=2$，$t = S_2 + \beta$，且满足或者 B_1 是满的，或者 $S_2 > S_1 + 1$，或者 $|B_2| + |U(t)| \leq b$ 时，执行算法 Restart (k, t)。

步骤5：否则，等待新工件到来或机器有空闲并返回步骤1。

下面，我们通过具体的例子说明算法 H_L ($b \geq 3$) 的运行。

例3.4 我们举例分析 $b=3$ 的情况。在时刻0，工件 J_1 和 J_2 到达。按照算法的步骤2，在时刻 $t=\beta$ 开始加工第一个批，因此 $B_1 = \{J_1, J_2\}$ 且 $S_1 = \beta$。在时刻0.6，工件 J_3 到达。由于 $S_1 = \beta < (1-\beta)/\beta$，$0.6 < (1+\beta)\beta + \beta = (1+\beta)S_1 + \beta$ 且 $|B_1| + |U(t)| = 3 = b$，按照算法的步骤4.1，则在时刻 $t = (1+\beta)S_1 + \beta = (1+\beta)\beta + \beta$ 中断 B_1 的加工并开始限制批 B_2 的加工，因此 $B_2 = \{J_1, J_2, J_3\}$ 且 $S_2 = (1+\beta)\beta + \beta$。算法 H_L ($b \geq 3$) 的实例运行结果见图3.2。

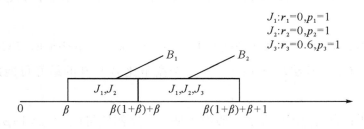

图3.2 算法 H_L ($b \geq 3$) 的实例运行结果

例3.5 我们举例分析 $b=4$ 的情况。在时刻0.1，工件 J_1，J_2，J_3 和 J_4 到达。按照算法的步骤2，在时刻 $t=0.1$ 开始加工第一个批，因此 $B_1 = \{J_1, J_2, J_3, J_4\}$ 且 $S_1 = 0.1$。在时刻0.3，工件 J_5 到达。按照步骤5，在时刻 $t = S_1 + 1 = 1.1$ 开始加工第二个批，因此自由批 $B_2 = \{J_5\}$ 且 $S_2 = 1.1$。在时刻1.3，工件 J_6 到达。由于 $S_1 = 0.1 < (1-\beta)/\beta$，$1.3 < S_2 + \beta$ 且满足 B_1 是满的，按照步骤4.2，在时刻 $t = S_2 + \beta$ 中断 B_2 的加工并开始限制批 B_3 的加

工，因此 $B_3 = \{J_5, J_6\}$ 且 $S_3 = S_2 + \beta$。

例 3.6 我们举例分析 $b = 3$ 的情况。在时刻 0.5，工件 J_1 到达。由于 $0.5 > \beta$，按照算法 H_L $(b \geqslant 3)$ 的步骤 2，在时刻 $t = 0.5$ 开始加工第一个批，因此 $B_1 = \{J_1\}$ 且 $S_1 = 0.5$。此时 $S_1 = 0.5 < (1-\beta)/\beta$。在时刻 1.4，工件 J_2 到达。由于 $1.4 > (0.5+1.5\beta) = [(1+\beta)S_1 + \beta]$，按照算法的步骤 4，在时刻 $t = S_1 + 1 = 1.5$ 开始加工第二个批，因此自由批 $B_2 = \{J_2\}$ 且 $S_2 = 1.5$。在时刻 1.8，工件 J_3 到达。由于 $S_1 = 0.5 < (1-\beta)/\beta$，$1.8 < S_2 + \beta$ 且满足 $|B_2| + |U(t)| = 2 < b$，按照步骤 4.2，在时刻 $t = S_2 + \beta$ 中断 B_2 的加工并开始限制批 B_3 的加工，因此 $B_3 = \{J_2, J_3\}$ 且 $S_3 = S_2 + \beta = 1.5 + \beta$。

观察 3.2 算法 H_L $(b \geqslant 3)$ 产生的排序具有如下特点：

（1）对于任意一个不满批 B_i，都有 $S_i \geqslant \beta$。

（2）如果 $S_1 > \beta$，那么 $r_1 = S_1$，并且所有工件的到达时间不早于 S_1。

（3）对于自由批 B_i $(i \geqslant 2)$，如果机器在时间区间 $[S_i - \varepsilon, S_i]$（其中 ε 是足够小的正数）上是空闲的，那么批 B_i，B_{i+1}，$\cdots$，B_n 中的所有工件到达时间不早于 S_i。

（4）如果 B_i 不满，那么 $\{B_{i+1}, \cdots, B_n\} \setminus B_i$ 中的所有工件到达时间都晚于 S_i。

定理 3.4 对于在线排序问题 $1 \mid \text{online}, r_j, p_j = 1, p\text{-batch}, 3 \leqslant b < +\infty, L\text{-restart} \mid C_{\max}$，算法 H_L $(b \geqslant 3)$ 是一个竞争比为 $1 + \beta$ 的最好可能的在线算法。

证明： 我们使用反证法。假设 I 是一个反例使得 $C_{\text{on}} / C_{\text{opt}} > 1 + \beta$。算法 H_L $(b \geqslant 3)$ 作用于实例 I 产生了包含 n 个批 B_1，B_{i+1}，$\cdots$，B_n 的排序 σ，所以 $C_{\text{on}} = S_n + 1$。注意，$S_1 \in \{\min\{r_1, \beta\}, \max\{r_1, \beta\}\}$ 以及 I 是一个反例，我们可以看出 $n \geqslant 2$。

令 t 是最早的时刻，使得在 t 和 C_{on} 之间机器无空闲且在时间区间 $[t, C_{\text{on}}]$ 上开工的批都不被中断。假设有 h 个批 B_{n-h+1}，$\cdots$，B_n 在时间区间 $[t, C_{\text{on}}]$ 内开工，那么 $C_{\text{on}} = t + h$。令 $n' = n - h + 1$，那么 $S_{n'} = t$。令 $J' = B_n \cup \cdots \cup B_n$。

断言一 B_n 是自由批，并且 $h \geqslant 2$。

否则，B_n 是限制批，那么 B_{n-1} 是不满的自由批，并且满足 $r_n > S_{n-1}$，从而 $C_{opt} \geq r_n + 1 > S_{n-1} + 1$。根据算法 H_L（$b \geq 3$），我们有 $n = 2$，3。

如果 $n = 2$，根据算法 H_L（$b \geq 3$）的步骤 4.1 可得 $S_n = (1+\beta)S_{n-1} + \beta$，从而有 $C_{on} = S_n + 1 = (1+\beta)S_{n-1} + \beta + 1$。因此，我们可以得到 $C_{on}/C_{opt} \leq [(1+\beta)S_{n-1} + \beta + 1] / (S_{n-1} + 1) = 1 + \beta$，这就与 I 是反例相矛盾。

如果 $n = 3$，根据 H_L（$b \geq 3$）的步骤 4.2 可得 $S_n = S_{n-1} + \beta$，从而就有 $C_{on} = S_n + 1 = S_{n-1} + \beta + 1$。因此，$C_{on}/C_{opt} \leq (S_{n-1} + \beta + 1) / (S_{n-1} + 1) \leq 1 + \beta$，这就与 I 是反例相矛盾。

由此可见，B_n 是限制批的假设是错误的，即 B_n 是自由批。

如果 $h = 1$，注意到 $n \geq 2$，由 H_L（$b \geq 3$）的步骤 3 可知 $S_n = r_n$，从而 $C_{on} = S_n + 1 = r_n + 1 \leq C_{opt}$，这就与 I 是反例相矛盾。因此，$h \geq 2$。综上所述，断言一成立。

断言二 在这 $h-1$ 个批 $B_{n'}$，…，B_{n-1} 中，至少有一个是不满的。

否则，B_{n-h+1}，…，B_{n-1} 都是满的。那么在最优离线排序中至少有 h 个加工批，因此 $C_{opt} \geq h$。如果 $t \leq \beta$，那么 $C_{on}/C_{opt} \leq (t+h)/h \leq (\beta+h)/h \leq 1 + \beta$，这就与 I 是反例相矛盾。因此，$t > \beta$。

如果 $B_{n'}$ 是自由批，考虑到 $S_{n'} = t > \beta$，我们可以看出，J' 中的所有工件到达时间不早于 t。因此，$C_{opt} \geq t + h = C_{on}$，这就与 I 是反例相矛盾。由此可见，$B_{n'}$ 是限制批。根据算法 H_L（$b \geq 3$）可得 $n' = 2$，3。

如果 $n' = 3$，根据 H_L（$b \geq 3$）的步骤 4.2，B_2 是自由批，$S_2 \geq S_1 + 1 \geq 1$，$t = S_{n'} = S_2 + \beta$，并且满足或者 B_1 是满批，或者 $S_2 > S_1 + 1$，或者 $|B_2| + |U(t)| \leq b$。

如果 $S_2 > S_1 + 1$，J' 中的所有工件的到达时间均不早于 S_2，则 $C_{opt} \geq S_2 + h$。因为 $C_{on} = t + h = S_2 + \beta + h$，所以 $C_{on}/C_{opt} \leq 1 + \beta$，这就与 I 是反例相矛盾。

如果 $S_2 = S_1 + 1$ 并且 B_1 是满批，那么在最优离线排序中至少有 $h+1$ 个加工批，从而有 $C_{opt} \geq r_1 + h + 1 \geq 3$。因为 $S_1 \leq r_1 + \beta$，注意，我们有 $C_{on} = S_2 + \beta + h \leq r_1 + 2\beta + h + 1$，因此，$C_{on} - C_{opt} \leq 2\beta < \beta C_{opt}$，这就与 I 是反例相矛盾。

如果 $S_2 = S_1 + 1$，B_1 是不满的批，并且 $|B_2| + |U(t)| \leq b$，那么 $S_3 = S_2 +$

$\beta = S_1 + 1 + \beta \geqslant 1 + \beta$，并且 B_4，$\cdots$，B_n 中的所有工件在 $S_3 = S_2 + \beta$ 之后到达。因此 $C_{\text{opt}} \geqslant S_3 + h - 1$，从而我们可得 $C_{\text{on}}/C_{\text{opt}} \leqslant (S_3 + h)/(S_3 + h - 1) = 1 + 1/(S_3 + h - 1) \leqslant 1 + 1/(2 + \beta) < 1 + \beta$，这就与 I 是反例相矛盾。

如果 $n' = 2$，注意 B_1 一定是不满的，我们有 $S_1 = \max\{r_1, \beta\}$，并且 $C_{\text{opt}} \geqslant r_1 + h$。根据 H_L（$b \geqslant 3$）的步骤 4.1 可得 $t = S_2 = (1 + \beta) S_1 + \beta$，$C_{\text{on}} = (1 + \beta) S_1 + \beta + h$。如果 $h \geqslant 3$，那么可得 $C_{\text{on}} \leqslant (1 + \beta)(r_1 + \beta) + \beta + h < (1 + \beta)(r_1 + h) \leqslant (1 + \beta) C_{\text{opt}}$，这就与 I 是反例相矛盾。

如果 $h = 2$，根据 H_L（$b \geqslant 3$）的步骤 4.1 可得 $r_n > t$，并且 $C_{\text{opt}} > t + 1 = (1 + \beta) S_1 + \beta + 1 \geqslant (1 + \beta)^2$。因此，$C_{\text{on}} - C_{\text{opt}} < 1 = \beta (1 + \beta)^2 < \beta C_{\text{opt}}$，这就与 I 是反例相矛盾。综上所述，断言二成立。

令 k 是满足 $k \leqslant n - 1$ 以及 B_k 是不满批的最大的正整数。根据断言二的结论，我们有 $k \geqslant n'$。

断言三 $k \leqslant n - 2$。相应地，$h \geqslant 3$。

否则，$k = n - 1$，从而有 $r_n > S_{n-1}$，$C_{\text{opt}} > S_{n-1} + 1$，以及 $C_{\text{on}} = S_{n-1} + 2$。如果 $S_1 \geqslant (1 - \beta)/\beta$，那么我们可得 $C_{\text{on}}/C_{\text{opt}} \leqslant (S_{n-1} + 2)/(S_{n-1} + 1) \leqslant (S_1 + 2)/(S_1 + 1) \leqslant [(1 - \beta)/\beta + 2]/[(1 - \beta)/\beta + 1] = 1 + \beta$，这就与 I 是反例相矛盾。因此，我们有 $S_1 < (1 - \beta)/\beta$，并且进一步得到 $(1 + \beta) S_1 + \beta < S_1 + 1$。

如果 $k = 1$，那么 $S_1 \geqslant \beta$，并且 $n = 2$。根据 H_L（$b \geqslant 3$）的步骤 4.1 和断言一可知，或者 $U(t') = \varnothing$，或者 $|B_1| + |U(t')| > b$，这里 $t' = (1 + \beta) S_1 + \beta$。如果 $U(t') = \varnothing$，那么 B_2 中所有工件在 t' 之后到达。因此，$C_{\text{opt}} > t' + 1 = (1 + \beta)(S_1 + 1)$。从而就有 $C_{\text{on}}/C_{\text{opt}} \leqslant (S_1 + 2)/[(1 + \beta)(S_1 + 1)] < 2/(\beta + 1) < 1 + \beta$，这就与 I 是反例相矛盾。故 $|B_1| + |U(t')| > b$，$C_{\text{opt}} \geqslant 2$。如果 $S_1 > \beta$，根据 H_L（$b \geqslant 3$）的步骤 2，所有工件的到达时间不早于 S_1，因此 $C_{\text{opt}} \geqslant S_1 + 2 = C_{\text{on}}$，这就与 I 是反例相矛盾。故我们有 $S_1 = \beta$。因为 $C_{\text{opt}} \geqslant 2$，所以 $C_{\text{on}}/C_{\text{opt}} \leqslant (S_1 + 2)/2 < 1 + \beta$，这就与 I 是反例相矛盾。

如果 $k = 2$ 并且 B_k 是自由批，那么我们有 $n = 3$，$S_2 \geqslant S_1 + 1$。如果 $U(t'') = \varnothing$（$t'' = S_2 + \beta$），我们有 $r_3 > t''$，相应地 $C_{\text{opt}} \geqslant r_3 + 1 > S_2 + \beta + 1$。因此，

$C_{on}/C_{opt} \leqslant (S_2+2) / (S_2+\beta+1) < 2/(\beta+1) < 1+\beta$，这就与 I 是反例相矛盾。故我们有 $U(t'') \neq \varnothing$。根据 $H_L(b \geqslant 3)$ 的步骤 4.2 可知，B_1 是不满的并且 $S_2=S_1+1$，因此我们有 $S_1 \geqslant \beta$ 和 $S_2 \geqslant \beta+1$。由于 $C_{opt}>S_2+1 \geqslant 2+\beta$，所以 $C_{on}/C_{opt} \leqslant (S_2+2) / (S_2+1) \leqslant 1+1/(\beta+2) < 1+\beta$，这就与 I 是反例相矛盾。

如果 $k=2$ 并且 B_k 是限制批，那么可得 B_1 是不满的自由批，$S_1 \geqslant \beta$ 以及 $S_2=(1+\beta)S_1+\beta \geqslant (1+\beta)^2-1$，从而可得 $C_{on}/C_{opt} \leqslant (S_2+2) / (S_2+1) \leqslant 1+1/(\beta+1)^2=1+\beta$，这就与 I 是反例相矛盾。

以上的分析说明只能是 $k \geqslant 3$，那么 $S_k \geqslant \beta+1$。因此，我们可得 $C_{on}/C_{opt} \leqslant (S_k+2) / (S_k+1) \leqslant 1+1/(\beta+2) < 1+\beta$，这就与 I 是反例相矛盾。综上所述，断言三成立。

设 $l=n-k+1$ 是在区间 $[S_k, C_{on}]$ 上开工的工件批的数目。根据断言三可得 $l \geqslant 3$。因为 B_k 是不满批，我们有 $S_k \geqslant \beta$，同时 $B_{k+1}, \cdots, B_n$ 中的所有工件到达时间均晚于 S_k。注意 $B_{k+1}, \cdots, B_{n-1}$ 是 $l-2$ 个满批，从而有 $C_{opt}>S_k+l-1$。由于 $l \geqslant 3$，$S_k \geqslant \beta$ 并且 $C_{on}=S_k+l$，我们可得 $C_{on}/C_{opt} < (S_k+l) / (S_k+l-1) \leqslant 1+1/(2+\beta) < 1+\beta$，这就与 I 是反例相矛盾。

根据以上的分析可知，我们的假设存在反例 I，使得 $C_{on}/C_{opt}>1+\beta$ 是错误的。因此，$H_L(b \geqslant 3)$ 的竞争比不超过 $1+\beta$。根据定理 3.3 可知，$H_L(b \geqslant 3)$ 是竞争比为 $1+\beta$ 的最好可能的在线算法。定理证毕。

4 允许重启的单台平行批处理机排序问题

4.1 问题介绍

本章我们研究等长工件在一台容量有限的平行批处理机上加工的在线排序问题，其中工件允许重启，批容量是 b，目标函数是最小化最大完工时间。注意，此处工件允许重启意味着我们对工件的重启次数没有限制。利用三参数表示法，该问题可以表示为 $1 \mid online, r_j, \ p_j = 1, \ p-batch, \ b < +\infty, \ restart \mid C_{max}$。

我们的分析结果表明，这一问题的下界和批的容量有关系。注意，如果 B 是一个正在加工的满批，那么 B 不需要再被中断了。

当批容量 $b = 2$ 时，一个限制批一定是满批，所以有限重启时的在线排序问题 $1 \mid online, \ r_j, \ p_j = 1, \ p-batch, \ b = 2, \ L-restart \mid C_{max}$ 等价于重启时的问题 $1 \mid online, r_j, \ p_j = 1, \ p-batch, \ b = 2, \ restart \mid C_{max}$。因此，第 3 章中的算法 H_L $(b = 2)$ 也是批容量 $b = 2$ 时问题 $1 \mid online, r_j, \ p_j = 1, \ p-batch, \ b = 2, \ restart \mid C_{max}$ 的最好可能的在线算法。我们令 γ 是方程 $x(x+1)(2x+3) = 2$ 的唯一的正根，φ 是方程 $x(x+1)(2x+1) = 1$ 的唯一的正根。当 $b = 3$ 时，我们证明了任意在线算法的竞争比都不小于 $1 + \gamma$，并给出了一个竞争比为 $1 + \gamma$ 的最好可能的在线算法 H $(b = 3)$。当 $b \geqslant 4$ 时，我们证明了任意在线算

法的竞争比都不小于$1+\varphi$，并给出了一个竞争比为$1+\varphi$的最好可能的在线算法H（$b \geqslant 4$）。

本章的第2节到第5节解决了工件允许重启时的问题$1 \mid online, r_j, p_j = 1, p\text{-batch}, b < +\infty, restart \mid C_{\max}$。本章的第6节我们解决了$k$-有限重启时相应的问题，其中$k$是满足$k \geqslant 2$的任意给定的正整数。$k$-有限重启是指每个工件最多可重启$k$次。工件允许$k$-有限重启时相应的问题可表示为$1 \mid online, r_j, p_j = 1, p\text{-batch}, b < +\infty, k\text{-}L\text{-}restart \mid C_{\max}$。注意，问题$1 \mid online, r_j, p_j = 1, p\text{-batch}, b < +\infty, restart \mid C_{\max}$的下界一定也是问题$1 \mid online, r_j, p_j = 1, p\text{-batch}, b < +\infty, k\text{-}L\text{-}restart \mid C_{\max}$的下界。继而，我们证明了对于重启时的问题$1 \mid online, r_j, p_j = 1, p\text{-batch}, b < +\infty, restart \mid C_{\max}$提出的算法恰好也是$k$-有限重启时的问题$1 \mid online, r_j, p_j = 1, p\text{-batch}, b < +\infty, k\text{-}L\text{-}restart \mid C_{\max}$的最好可能的在线算法。

4.2 批容量为3时问题的下界

令γ是方程$x(x+1)(2x+3) = 2$的唯一的正根。注意，$\gamma < \dfrac{2}{1+\gamma} - 1 < 2\gamma$。

定理4.1 对于问题$1 \mid online, r_j, p_j = 1, p\text{-batch}, b = 3, restart \mid C_{\max}$，不存在竞争比小于$1+\gamma$的在线算法。

证明： 我们使用反证法。假设存在竞争比小于$1+\gamma$的算法H。我们考虑下面的实例。

第一个工件J_1在时刻0到达，并且没有工件在J_1开工之前到达。为了保证算法H的竞争比小于$1+\gamma$，我们有$S_1 < \gamma$。之后，第二个工件J_2在时刻$\dfrac{2}{1+\gamma} - 1$到达。

如果$S_2 \geqslant S_1 + 1$，则之后没有工件到达。在最优离线排序中，我们可将$\{J_1, J_2\}$作为一批在时刻$\dfrac{2}{1+\gamma} - 1$开工，所以$C_{\text{opt}} \leqslant \dfrac{2}{1+\gamma}$。那么，我们就有

$C_{on}/C_{opt} \geq \dfrac{(S_2+1)}{\dfrac{2}{1+\gamma}} \geq 2/ \left(\dfrac{2}{1+\gamma} \right) = 1+\gamma$，这就与算法 H 的竞争比小于 $1+\gamma$ 相

矛盾。因此，$S_2 < S_1+1$，即 $\dfrac{2}{1+\gamma} -1 \leq S_2 < S_1+1$。这意味着 $B_2 = \{J_1，J_2\}$。

如果 $S_2 \geq 2\gamma$，那么两个新工件在时刻 S_2 到达并且之后没有工件到达。在离线排序中，我们可将 J_1 在时刻 0 开工，将另外三个工件作为一批在时刻 max $\{1，S_2\}$ 开工。因此，$C_{opt} \leq$ max $\{2，S_2+1\}$。因为 $|B_2| = 2$ 和 $b = 3$ 可得 $C_{on} \geq S_2+2 \geq 2\gamma+2$，所以我们有

$$C_{on}/C_{opt} \geq (S_2+2) /\max \{2，S_2+1\}$$
$$= \min \{ (S_2+2) /2，(S_2+2) / (S_2+1) \}$$
$$\geq \min \{ (2\gamma+2) /2，1+1/ (2+\gamma) \}$$
$$= 1+\gamma$$

这就与算法 H 竞争比小于 $1+\gamma$ 相矛盾。因此，我们有 $\dfrac{2}{1+\gamma} -1 \leq S_2 < 2\gamma$。

在时刻 2γ，第三个工件 J_3 到达。如果 $S_3 \geq S_2+1$，则之后没有工件到达。在离线排序中，我们可将 $\{J_1，J_2，J_3\}$ 作为一批在时刻 2γ 开工。因此，$C_{opt} \leq 2\gamma+1$。于是，我们有

$$C_{on}/C_{opt} \geq (S_2+2) / (2\gamma+1)$$
$$\geq \left(\dfrac{2}{1+\gamma}+1 \right) / (2\gamma+1)$$
$$= 1+\gamma$$

这就与算法 H 竞争比小于 $1+\gamma$ 相矛盾。因此，$2\gamma \leq S_3 < S_2+1$。这就意味着 $B_3 = \{J_1，J_2，J_3\}$。

如果 $S_3 < 1$，一个新工件在时刻 S_3 到达并且之后没有工件到达。在离线排序中，我们可将 J_1 在时刻 0 开工，将另外三个工件作为一批在时刻 1 开工。因此，$C_{opt} \leq 2$。于是，$C_{on}/C_{opt} \geq (S_3+2) /2 \geq (2\gamma+2) /2 = 1+\gamma$，这就与算法 H 竞争比小于 $1+\gamma$ 相矛盾，所以 $S_3 \geq 1$。

如果 $S_3 \geq (1+\gamma) (2\gamma) +\gamma$ [注意，$(1+\gamma) (2\gamma) +\gamma > 1$]，那么之后

没有工件到达。由于$C_{opt} \leqslant 2\gamma+1$，所以

$$C_{on}/C_{opt} \geqslant (S_3+1) / (2\gamma+1)$$
$$\geqslant \left[(2\gamma+1)(1+\gamma) \right] / (2\gamma+1)$$
$$= 1+\gamma$$

这就与算法 H 竞争比小于 $1+\gamma$ 相矛盾，因此 $1 \leqslant S_3 < (1+\gamma)(2\gamma)+\gamma$。

在时刻 S_3，第四个工件 J_4 到达并且之后没有新工件到达。在离线排序中，我们可将 J_1 在时刻 0 开工，将 $\{J_1, J_2, J_3\}$ 作为一批在时刻 S_3 开工，故而 $C_{opt} \leqslant S_3+1$。因此

$$C_{on}/C_{opt} \geqslant (S_3+2) / (S_3+1)$$
$$\geqslant 1+1/\left[(1+\gamma)(2\gamma)+\gamma+1 \right]$$
$$> 1+\gamma$$

这与算法 H 竞争比小于 $1+\gamma$ 相矛盾。

综上可知，我们的假设存在算法 H 竞争比小于 $1+\gamma$ 是错误的。定理证毕。

4.3　批容量为3时的在线算法及竞争比分析

算法 H $(b=3)$ 有 4 个步骤。

令 $k=0$。

步骤 1：在当前时刻 t，进行步骤 2 至步骤 4。

步骤 2：如果 $k \geqslant 0$，机器是空闲的并且 $U(t) \neq \varnothing$，在 $U(t)$ 中任选 $\min\{b, |U(t)|\}$ 个工件作为 B_{k+1} 在时刻 t 开工，同时令 $k=k+1$。

步骤 3：如果机器正在加工一个不满的批 B_k 并且 $U(t) \neq \varnothing$，进行步骤 3.1 至步骤 3.3。

步骤 3.1：如果 $k=1$ 并且 $t=S_1+\gamma$，或者 $k=1$ 并且 $t=S_1+\dfrac{2}{1+\gamma}-1$，执行算法 Restart (k, t)。

步骤 3.2：如果 $S_k = S_1 + \gamma$，或者 $S_k = S_1 + \dfrac{2}{1+\gamma} - 1$ 并且 $t = S_1 + 2\gamma$，执行算法 Restart (k, t)。

步骤 3.3：如果 $k > 1$，B_k 是自由批，$t = S_k + 2\gamma$，同时 $|B_k| + |U(t)| \leq b$，执行算法 Restart (k, t)。

步骤 4：否则，等待新工件到来或机器有空闲时并返回步骤 1。

我们举例来说明一下算法的运行过程。

例 4.1 在时刻 0，工件 J_1 到达。按照算法的步骤 2，在 $t = 0$ 时开始加工第一个批，所以自由批 $B_1 = \{J_1\}$，$S_1 = 0$。在时刻 0.34，工件 J_2 到达。由于 B_1 是不满的批且 $0.34 < S_1 + \gamma = \gamma$，按照算法的步骤 3.1，在时刻 $t = S_1 + \gamma$ 时中断 B_1 的加工，并将 B_1 中的工件和 J_2 合并成新的限制批 $B_2 = \{J_1, J_2\}$ 开始加工。因此，$S_2 = S_1 + \gamma$。在时刻 0.5，工件 J_3 到达。由于 B_2 是不满的且 $0.5 < S_1 + 2\gamma$，按照算法的步骤 3.2，在时刻 $t = S_1 + 2\gamma$ 时中断 B_2 的加工，并将 B_2 中的工件和 J_3 合并成新的限制批 $B_3 = \{J_1, J_2, J_3\}$ 开始加工。因此，$S_3 = S_1 + 2\gamma$。算法 $H(b=3)$ 的实例运行见图 4.1。

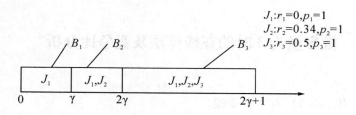

图 4.1 算法 $H(b=3)$ 的实例运行

例 4.2 在时刻 0.1，工件 J_1 到达。按照算法的步骤 2，在 $t = 0.1$ 时开始加工第一个批，所以自由批 $B_1 = \{J_1\}$，B_1 的开始加工时间 $S_1 = 0.1$。在时刻 0.5，工件 J_2 到达。由于 B_1 是不满的批且 $S_1 + \gamma < 0.5 < S_1 + \dfrac{2}{1+\gamma} - 1$，按照算法的步骤 3.1，在时刻 $t = S_1 + \dfrac{2}{1+\gamma} - 1$ 时中断 B_1 的加工，并将 B_1 中的工件和 J_2 合并成新的限制批 $B_2 = \{J_1, J_2\}$ 开始加工。因此，$S_2 = S_1 + \dfrac{2}{1+\gamma} - 1$。在时

刻 0.6，工件 J_3 到达。由于 B_2 是不满的且 $0.6 < S_1 + 2\gamma$，按照算法的步骤 3.2，在时刻 $t = S_1 + 2\gamma$ 时中断 B_2 的加工，并将 B_2 中的工件和 J_3 合并成新的限制批 $B_3 = \{J_1, J_2, J_3\}$ 开始加工。因此，$S_3 = S_1 + 2\gamma$。在时刻 0.9，工件 J_4 到达。根据算法的步骤 2 和步骤 3，在时刻 $t = S_3 + 1 = S_1 + 2\gamma + 1 = 2\gamma + 1.1$ 时开始加工第四个批，所以自由批 $B_4 = \{J_4\}$，B_4 的开工时间满足 $S_4 = 2\gamma + 1.1$。在时刻 2.1，工件 J_5 到达。由于 B_4 是自由批，$|B_4| + |U(t)| = 2 < b$ 且 $2.1 < S_4 + 2\gamma$，按照算法的步骤 3.3，在时刻 $t = S_4 + 2\gamma$ 时中断 B_4 的加工，并将 B_4 中的工件和 J_5 合并成新的限制批 $B_5 = \{J_4, J_5\}$ 开始加工。因此，$S_5 = S_4 + 2\gamma$。

观察 4.1 算法 $H(b=3)$ 产生的排序具有如下特点：

（1）如果 $S_k = S_1 + 2\gamma$，那么 B_k 是满的。

（2）如果 $S_k = S_1 + \dfrac{2}{1+\gamma} - 1$，在时刻 $S_1 + \gamma$ 之后有工件到达。

（3）如果 B_1 是不满的且有工件在 $(S_1, S_1 + \gamma]$ 到达，则 $S_2 = S_1 + \gamma$。如果 B_1 是不满的，在 $(S_1, S_1 + \gamma]$ 没有工件到达，且在 $(S_1 + \gamma, S_1 + \dfrac{2}{1+\gamma} - 1]$ 有工件到达，则 $S_2 = S_1 + \dfrac{2}{1+\gamma} - 1$。

定理 4.2 对于问题 $1 \,|\, \text{online}, r_j, \ p_j = 1, \ p\text{-batch}, \ b = 3, \ \text{restart} \,|\, C_{\max}$，算法 $H(b=3)$ 是一个竞争比为 $1 + \gamma$ 的最好可能的在线算法。

证明： 我们使用反证法。假设 I 是一个反例，使得 $C_{\text{on}} / C_{\text{opt}} > 1 + \gamma$。算法 $H(b=3)$ 作用于实例 I 产生了包含 n 个批 $B_1, \cdots, B_n$ 的排序 σ，所以 $C_{\text{on}} = S_n + 1$。注意，$S_1 = r_1$ 以及 I 是一个反例，我们可以看出 $n \geq 2$。

令 t 是最早的时刻，使得在 t 和 C_{on} 之间机器无空闲且在时间区间 $[t, C_{\text{on}}]$ 上开工的批都不被中断。假设有 h 个批 $B_{n-h+1}, \cdots, B_n$ 在时间区间 $[t, C_{\text{on}}]$ 内开工，那么 $C_{\text{on}} = t + h$。令 $n' = n - h + 1$，那么 $S_{n'} = t$。令 $J' = B_{n'} \cup \cdots \cup B_n$。

断言一 B_n 是自由批并且 $h \geq 2$。

假设 B_n 是限制批。那么 B_{n-1} 是一个不满的批并且满足 $r_n > S_{n-1}$，从而有 $C_{\text{opt}} \geq r_n + 1 > S_{n-1} + 1$。

如果B_n是由算法H（$b=3$）的步骤3.3所得到的批，那么B_{n-1}是不满的自由批，同时满足$n-1 \geq 2$和$S_{n-1} \geq 1$。根据算法H（$b=3$）的步骤3.3可得$S_n = S_{n-1} + 2\gamma$，从而有$C_{on} = S_n + 1 = S_{n-1} + 2\gamma + 1$。因此，我们可得$C_{on}/C_{opt} \leq (S_{n-1} + 2\gamma + 1) / (S_{n-1} + 1) \leq 1 + \gamma$，这就与$I$是反例相矛盾。于是，$B_n$由算法$H$（$b=3$）的步骤3.1或者步骤3.2得到。这就意味着，或者$S_n = S_1 + \gamma$，或者$S_n = S_1 + \dfrac{2}{1+\gamma} - 1$，或者$S_n = S_1 + 2\gamma$。

如果$S_n = S_1 + \gamma$，那么$C_{on}/C_{opt} \leq (S_1 + \gamma + 1) / (S_1 + 1) \leq 1 + \gamma$，这就与$I$是反例相矛盾。

如果$S_n = S_1 + \dfrac{2}{1+\gamma} - 1$或者$S_n = S_1 + 2\gamma$，根据算法$H$（$b=3$）的步骤3.1和步骤3.2，在时刻$S_1 + \gamma$之后有工件到达，从而有$C_{opt} > S_1 + \gamma + 1$。注意，$\dfrac{2}{1+\gamma} - 1 < 2\gamma$，我们就有$C_{on}/C_{opt} \leq (S_1 + 2\gamma + 1) / (S_1 + \gamma + 1) < 1 + \gamma$，这就与$I$是反例相矛盾。

因此，B_n是自由批。

如果$h = 1$，根据算法H（$b=3$）的步骤2，我们有$S_n = r_n$，从而$C_{on} = S_n + 1 = r_n + 1 \leq C_{opt}$，这就与$I$是反例相矛盾。因此，$h \geq 2$。综上所述，断言一成立。

断言二　在这$h-1$个批$B_{n'}$，$\cdots$，B_{n-1}中，至少有一个是不满的。

反之，假设这$h-1$个批$B_{n'}$，$\cdots$，B_{n-1}都是满的。那么$C_{opt} \geq S_1 + h$。

如果$B_{n'}$是自由批，那么$B_{n'}$，$\cdots$，B_{n-1}，B_n中的所有工件到达时间不早于t。

因此，$C_{opt} \geq t + h = C_{on}$，这就与$I$是反例相矛盾，所以$B_{n'}$是限制批。

如果$B_{n'}$是由算法H（$b=3$）的步骤3.3得到，或者说，通过中断某一个自由批$B_{k'}$（这里$k' > 1$）得到的，那么$S_{n'} = S_{k'} + 2\gamma \geq 1 + 2\gamma$，$B_{n'+1}$，$\cdots$，$B_n$中的所有工件在时刻$S_{n'}$之后到达，从而有$C_{opt} \geq S_{n'} + h - 1$。因此，$C_{on}/C_{opt} \leq (S_{n'} + h) / (S_{n'} + h - 1) \leq 1 + 1/(2 + 2\gamma) < 1 + \gamma$，这就与$I$是反例相矛盾。于是，$B_{n'}$是由算法$H$（$b=3$）的步骤3.1或步骤3.2得到的。这意味着或

者$S_{n'} = S_1 + \gamma$，或者$S_{n'} = S_1 + \dfrac{2}{1+\gamma} - 1$，或者$S_{n'} = S_1 + 2\gamma$。这三种情形中都有

$S_{n'} \leqslant S_1 + 2\gamma$。考虑到$h \geqslant 2$，因此$C_{\mathrm{on}} / C_{\mathrm{opt}} \leqslant (S_1 + 2\gamma + h) / (S_1 + h) \leqslant 1 + \gamma$，这就与$I$是反例相矛盾。综上所述，断言二成立。

令k是满足$k \leqslant n-1$以及B_k是不满批的最大的数。根据断言二，我们有$k \geqslant n'$。设$l = n - k + 1$是在区间$[S_k, C_{\mathrm{on}}]$上开工的工件批的数目。则$l \geqslant 2$，$C_{\mathrm{on}} = S_k + l$。考虑到$B_k$是不满的批且$B_k$，$\cdots$，$B_{n-1}$，$B_n$都没有被中断，所以$B_{k+1}$，$\cdots$，$B_{n-1}$，$B_n$都是自由批，且这些批中工件的到达时间都晚于$S_k$。同时考虑到$B_{k+1}$，$\cdots$，$B_{n-1}$都是满批，所以$C_{\mathrm{opt}} \geqslant S_k + l - 1$。

断言三 B_k是限制批。

反之，假设B_k是自由批。如果$k = 1$，则$B_{k+1} = B_2$是自由批且未中断B_1，根据算法$H(b=3)$的步骤3.1，B_2，$\cdots$，B_{n-1}，B_n中的所有工件在时刻$S_1 + \dfrac{2}{1+\gamma} - 1$之后到达，从而$C_{\mathrm{opt}} \geqslant S_1 + \dfrac{2}{1+\gamma} - 1 + l - 1$。因此，我们可得$C_{\mathrm{on}} / C_{\mathrm{opt}} \leqslant$

$(S_1 + l) / (S_1 + \dfrac{2}{1+\gamma} - 1 + l - 1) \leqslant 2 / (\dfrac{2}{1+\gamma}) = 1 + \gamma$，这就与$I$是反例相矛盾。于是，我们有$k \geqslant 2$和$S_k \geqslant 1$。

如果$l \geqslant 3$，那么$C_{\mathrm{on}} / C_{\mathrm{opt}} \leqslant (S_k + l) / (S_k + l - 1) \leqslant 1 + \dfrac{1}{3} < 1 + \gamma$，这就与$I$是反例相矛盾。因此，$l = 2$。同时，这也意味着$k = n - 1 \geqslant 2$。

如果$|B_{n-1}| + |B_n| \leqslant b$，由于$B_n$是自由批，根据算法$H(b=3)$的步骤3.3，$B_n$中的工件在$S_{n-1} + 2\gamma$之后到达，从而有$C_{\mathrm{opt}} \geqslant S_{n-1} + 2\gamma + 1$。因此，我们可得$C_{\mathrm{on}} / C_{\mathrm{opt}} \leqslant (S_{n-1} + 2) / (S_{n-1} + 2\gamma + 1) \leqslant 2 / (2\gamma + 1) < 1 + \gamma$，这就与$I$相矛盾。于是，$|B_{n-1}| + |B_n| > b$。

如果$S_{n-1} \geqslant S_1 + 2\gamma + 1$，那么$C_{\mathrm{on}} / C_{\mathrm{opt}} \leqslant (S_{n-1} + 2) / (S_{n-1} + 1) \leqslant 1 + 1 / (S_1 + 2\gamma + 2) < 1 + \gamma$，这就与$I$是反例相矛盾。因此，$S_{n-1} < S_1 + 2\gamma + 1$。根据算法$H(b=3)$，考虑到$B_k = B_{n-1}$是自由批，则或者存在时间区间$[S_{n-1} - \varepsilon, S_{n-1}]$（这里$\varepsilon$是一个足够小的正数）使得机器在该区间上是空闲的，或者$S_{n-1} = S_{n-2} + 1$。如果存在时间区间$[S_{n-1} - \varepsilon, S_{n-1}]$（这里$\varepsilon$是一个足够小的正数）

使得机器在该区间上是空闲的，根据算法 H（$b=3$）的步骤 2，B_{n-1}，B_n 中的所有工件到达时间不早于 S_{n-1}，从而有 $C_{opt} \geq S_{n-1}+2=C_{on}$，这就与 I 是反例相矛盾。因此，$S_{n-1}=S_{n-2}+1$，从而 $C_{on}=S_{n-1}+2=S_{n-2}+3$。

如果 B_{n-2} 是满批，考虑到 $|B_{n-1}|+|B_n|>b$，那么 $C_{opt} \geq S_1+3$。因此

$$C_{on}/C_{opt} \leq \frac{S_{n-1}+2}{S_1+3}$$

$$< \frac{S_1+2\gamma+3}{S_1+3}$$

$$< 1+\gamma$$

这就与 I 是反例相矛盾。于是，B_{n-2} 是不满的。

所以根据算法 H（$b=3$）可得，或者 $S_{n-2}=S_1$，或者 $S_{n-2}=S_1+\gamma$，或者 $S_{n-2}=S_1+\frac{2}{1+\gamma}-1$。

如果 $S_{n-2}=S_1$，则此时 $C_{on}=S_1+3$。由于 B_{n-1} 是自由批，根据算法 H（$b=3$）的步骤 3.1，B_{n-1}，B_n 中的所有工件均在时刻 $S_1+\frac{2}{1+\gamma}-1$ 之后到达，从而有 $C_{opt}>S_1+\frac{2}{1+\gamma}-1+2$。因此

$$C_{on}/C_{opt} \leq (S_1+3) / (S_1+\frac{2}{1+\gamma}+1)$$

$$\leq \frac{3}{\frac{2}{1+\gamma}+1}$$

$$< 1+\gamma$$

这就与 I 是反例相矛盾。

如果 $S_{n-2}=S_1+\gamma$ 或者 $S_{n-2}=S_1+\frac{2}{1+\gamma}-1$，由于 B_{n-1} 是自由批，根据算法 H（$b=3$）的步骤 3.2，B_{n-1}，B_n 中的所有工件均在 $S_1+2\gamma$ 之后到达，从而 $C_{opt}>S_1+2\gamma+2$。因此

$$C_{on}/C_{opt} \leq (S_1+\frac{2}{1+\gamma}-1+3) / (S_1+2\gamma+2)$$

$$\leqslant \frac{\dfrac{2}{1+\gamma}+2}{2\gamma+2}$$

$$<1+\gamma$$

这就与 I 是反例相矛盾。综上所述，断言三成立。

注意，$C_{\text{opt}} \geqslant S_k + l - 1$。由于 B_k 不是满批，根据观察 4.1 可得 $S_k \neq S_1 + 2\gamma$。

如果 B_k 是将一个满足 $k' > 1$ 的自由批 $B_{k'}$ 中断所得到的，根据算法 H（$b=3$）的步骤 3.3 可得 $S_k = S_{k'} + 2\gamma \geqslant 1 + 2\gamma$。因此

$$C_{\text{on}}/C_{\text{opt}} \leqslant \frac{S_k + l}{S_k + l - 1}$$

$$= 1 + 1/(S_k + l - 1)$$

$$\leqslant 1 + 1/(2\gamma + 2)$$

$$< 1 + \gamma$$

这就与 I 是反例相矛盾。因此，根据算法 H（$b=3$）的步骤 3.1 和步骤 3.2，B_k 是中断 B_1 或别的限制批所得到的限制批。所以，或者 $S_k = S_1 + \gamma$，或者 $S_k = S_1 + \dfrac{2}{1+\gamma} - 1$。

如果 $S_k = S_1 + \gamma$ 或者 $S_k = S_1 + \dfrac{2}{1+\gamma} - 1$，注意 B_k 是不满的批以及 B_{k+1} 是自由批，根据算法 H（$b=3$）的步骤 3.2，我们可以看到 $B_{k+1}, \cdots, B_n$ 中的所有工件均在时刻 $S_1 + 2\gamma$ 之后到达，从而有 $C_{\text{opt}} > S_1 + 2\gamma + l - 1$。因此

$$C_{\text{on}}/C_{\text{opt}} \leqslant \left(S_1 + \frac{2}{1+\gamma} - 1 + l\right) \Big/ (S_1 + 2\gamma + l - 1)$$

$$\leqslant \left(\frac{2}{1+\gamma} + 1\right) \Big/ (2\gamma + 1)$$

$$= 1 + \gamma$$

这就与 I 是反例相矛盾。

根据以上的分析可知，我们的假设存在反例 I，使得 $C_{\text{on}}/C_{\text{opt}} > 1 + \gamma$ 是错误的，所以算法 H（$b=3$）的竞争比不超过 $1 + \gamma$。根据定理 4.1 可知，算法 H（$b=3$）是竞争比为 $1 + \gamma$ 的最好可能的在线算法。定理证毕。

4.4 批容量大于3时问题的下界

令 φ 是方程 $x(x+1)(2x+1)=1$ 的正根。注意，$\varphi<\dfrac{1}{\varphi}-2<2\varphi$。

定理 4.3 对于问题 $1\,|\,\text{online},r_j,\ p_j=1,\ p-\text{batch},\ 4\leqslant b<+\infty,$ $\text{restart}\,|\,C_{\max}$，不存在竞争比小于 $1+\varphi$ 的在线算法。

证明： 我们使用反证法。假设存在竞争比小于 $1+\varphi$ 的算法 H。我们考虑下面的实例。

在时刻 0，第一个工件 J_1 到达并且 J_1 开工之前没有新工件到达。为了满足算法 H 竞争比小于 $1+\varphi$，我们有第一个批 $B_1=\{J_1\}$ 的开工时间 $S_1<\varphi$。第二个工件 J_2 在时刻 φ 到达。如果 $S_2\geqslant S_1+1$，之后没有新工件到达。在离线排序中，我们可将 $\{J_1,J_2\}$ 作为一批在时刻 φ 开工，所以可得 $C_{\text{opt}}\leqslant\varphi+1$。因此，我们有 $C_{\text{on}}/C_{\text{opt}}\geqslant(S_2+1)/(1+\varphi)\geqslant2/(1+\varphi)>1+\varphi$，这就与算法 H 竞争比小于 $1+\varphi$ 相矛盾。于是，$\varphi\leqslant S_2<S_1+1$。这就意味着 B_2 中断了 B_1，且 $B_2=\{J_1,J_2\}$。

如果 $S_2\geqslant2\varphi$，则在时刻 S_2，$b-1$ 个工件到达并且之后没有工件到达。在离线排序中，我们可将 J_1 在时刻 0 开工，将另外 b 个工件作为一批在时刻 $\max\{1,S_2\}$ 开工。于是，$C_{\text{opt}}\leqslant\max\{2,S_2+1\}$。因为 $|B_2|=2$ 且在时刻 S_2 有 $b-1$ 个工件到达，所以 $C_{\text{on}}\geqslant S_2+2\geqslant2\varphi+2$。因此，我们可得 $C_{\text{on}}/C_{\text{opt}}\geqslant(S_2+2)/\max\{2,S_2+1\}\geqslant\min\left\{\dfrac{2\varphi+2}{2},1+\dfrac{1}{2+\varphi}\right\}=1+\varphi$，这就与算法 H 竞争比小于 $1+\varphi$ 相矛盾，从而 $\varphi\leqslant S_2<2\varphi$。下面，我们分为两种情形进行讨论。

情形一： $\dfrac{1}{\varphi}-2\leqslant S_2<2\varphi$。那么，第三个工件 J_3 在时刻 2φ 到达。如果 $S_3\geqslant S_2+1$，之后没有工件到达。在离线排序中，我们可将 $\{J_1,J_2,J_3\}$ 作为一批在时刻 2φ 加工，从而有 $C_{\text{opt}}\leqslant2\varphi+1$。因此

$$C_{\text{on}}/C_{\text{opt}}\geqslant(S_3+1)/(2\varphi+1)$$

$$\geqslant (S_2+2) / (2\varphi+1)$$

$$\geqslant (\frac{1}{\varphi}) / (2\varphi+1)$$

$$= 1+\varphi$$

这就与算法 H 竞争比小于 $1+\varphi$ 相矛盾。故 $2\varphi \leqslant S_3 < S_2+1$。这就意味着 B_3 中断了 B_2，且 $B_3 = \{J_1, J_2, J_3\}$。

如果 $S_3 \leqslant \frac{1}{\varphi}-1$，则在时刻 S_3，$b-2$ 个工件到达并且之后没有工件到达。因为 $|B_3|=3$ 且在时刻 S_3 有 $b-2$ 个工件到达，所以 $C_{on} \geqslant S_3+2$。在离线排序中，我们可将 J_1 在时刻 0 开工，将另外 b 个工件作为一批在时刻 $\max\{1, S_3\}$ 开工，从而有 $C_{opt} \leqslant \max\{2, S_3+1\}$。因此，$C_{on}/C_{opt} \geqslant (S_3+2) / \max\{2, S_3+1\} \geqslant \min\{\frac{2\varphi+2}{2}, 1+\dfrac{1}{\dfrac{1}{\varphi}-1+1}\} = 1+\varphi$，这就与算法 H 竞争比小于 $1+\varphi$ 相矛盾。

如果 $S_3 > \frac{1}{\varphi}-1$，则之后没有工件到达。在离线排序中，我们可将 $\{J_1, J_2, J_3\}$ 作为一批在时刻 2φ 开工，从而有 $C_{opt} \leqslant 2\varphi+1$。因此，$C_{on}/C_{opt} \geqslant (S_3+1) / (2\varphi+1) > 1/[\varphi(2\varphi+1)] = 1+\varphi$，这就与 H 竞争比小于 $1+\varphi$ 相矛盾。

情形二：$\varphi \leqslant S_2 < \frac{1}{\varphi}-2$。那么，第三个工件 J_3 在时刻 $\frac{1}{\varphi}-2$ 到达。如果 $S_3 \geqslant S_2+1$，之后没有工件到达。在离线排序中，我们可将 $\{J_1, J_2, J_3\}$ 作为一批在时刻 $\frac{1}{\varphi}-2$ 开工。于是，$C_{opt} \leqslant \frac{1}{\varphi}-1$。因此

$$C_{on}/C_{opt} \geqslant (S_3+1) / (\frac{1}{\varphi}-1)$$

$$\geqslant (S_2+2) / (\frac{1}{\varphi}-1)$$

$$\geqslant (\varphi+2) / (\frac{1}{\varphi}-1)$$

$$= \left[\varphi \left(2+\varphi\right) \right] \Big/ \left(1-\varphi\right)$$

$$> 1+\varphi$$

这就与算法 H 竞争比小于 $1+\varphi$ 相矛盾。从而 $S_3 < S_2 + 1$。这就意味着 B_3 中断了 B_2，且 $B_3 = \{J_1, J_2, J_3\}$。

如果 $S_3 \geq 2\varphi$，则在时刻 S_3，$b-2$ 个工件到达并且之后没有工件到达。在离线排序中，我们可将 J_1 在时刻 0 开工，将另外 b 个工件作为一批在时刻 $\max\{1, S_3\}$ 开工。于是，$C_{\mathrm{opt}} \leq \max\{2, S_3+1\}$。由于 $|B_3|=3$ 且在时刻 S_3 有 $b-2$ 个工件到达，所以 $C_{\mathrm{on}} \geq S_3+2 \geq 2\varphi+2$。因此

$$C_{\mathrm{on}} / C_{\mathrm{opt}} \geq \left(S_3+2\right) \big/ \max\{2, S_3+1\}$$

$$= \min\left\{ \left(S_3+2\right) \big/ 2, \ 1+1 \big/ \left(S_3+1\right) \right\}$$

$$\geq \min\left\{ \frac{S_3+2}{2}, \ 1+\frac{1}{S_2+2} \right\}$$

$$\geq \min\left\{ \left(2\varphi+2\right) \big/ 2, \ 1+1 \big/ \left(\frac{1}{\varphi}\right) \right\}$$

$$= 1+\varphi$$

这就与算法 H 竞争比小于 $1+\varphi$ 相矛盾，从而 $\frac{1}{\varphi}-2 \leq S_3 < 2\varphi$。

在时刻 2φ，第四个工件 J_4 到达。如果 $S_4 \geq S_3+1$，那么之后没有工件到达。在离线排序中，我们可将 $\{J_1, J_2, J_3, J_4\}$ 作为一批在时刻 2φ 开工。于是，$C_{\mathrm{opt}} \leq 2\varphi+1$。因此，$C_{\mathrm{on}}/C_{\mathrm{opt}} \geq \left(S_4+1\right) \big/ \left(2\varphi+1\right) \geq \left(S_3+2\right) \big/ \left(2\varphi+1\right) \geq \left(\frac{1}{\varphi}\right) \big/ \left(2\varphi+1\right) = 1+\varphi$，这就与算法 H 竞争比小于 $1+\varphi$ 相矛盾，从而 $2\varphi \leq S_4 < S_3+1$。这就意味着 B_4 中断了 B_3，且 $B_4 = \{J_1, J_2, J_3, J_4\}$。

如果 $S_4 \leq \frac{1}{\varphi}-1$，那么在时刻 S_4，$b-3$ 个工件到达并且之后没有工件到达。在离线排序中，我们可将 J_1 在时刻 0 开工，将另外 b 个工件作为一批在时刻 $\max\{1, S_4\}$ 开工。于是，$C_{\mathrm{opt}} \leq \max\{2, S_4+1\}$。因为 $|B_4|=4$ 且在时刻 S_4 有 $b-3$ 个工件到达，所以我们有 $C_{\mathrm{on}} \geq S_4+2 \geq 2\varphi+2$。因此

$$C_{\mathrm{on}} / C_{\mathrm{opt}} \geq \left(S_4+2\right) \big/ \max\{2, S_4+1\}$$

$$= \min \left\{ (S_4+2)/2, \ 1+1/(S_4+1) \right\}$$

$$\geq \min \left\{ (2\varphi+2)/2, \ 1+1/(\frac{1}{\varphi}-1+1) \right\}$$

$$= 1+\varphi$$

这就与算法 H 竞争比小于 $1+\varphi$ 相矛盾。

如果 $S_4 > \dfrac{1}{\varphi}-1$，之后没有工件到达。在离线排序中，我们可将 $\{J_1,$ $J_2, J_3, J_4\}$ 作为一批在时刻 2φ 开工。于是，$C_{opt} \leqslant 2\varphi+1$。因此，$C_{on}/C_{opt} \geqslant (S_4+1)/(2\varphi+1) > 1/(\varphi(2\varphi+1)) = 1+\varphi$，这就与算法 H 竞争比小于 $1+\varphi$ 相矛盾。

综上所述，我们的存在算法 H 竞争比小于 $1+\varphi$ 的假设是错误的。定理证毕。

4.5　批容量大于 3 时的在线算法及竞争比分析

算法 H（$b \geqslant 4$）有 5 个步骤。

令 $k=0$。

步骤 1：在当前时刻 t，进行步骤 2 至步骤 5。

步骤 2：如果 $k=0$，$U(t) \neq \varnothing$ 并且 $t \geqslant \varphi$，则在 $U(t)$ 中任选 $\min \{b, |U(t)|\}$ 个工件作为 B_{k+1} 在时刻 t 开工，同时令 $k=k+1$。

步骤 3：如果 $k \geqslant 1$，机器是空闲的且 $U(t) \neq \varnothing$，则在 $U(t)$ 中任选 $\min \{b, |U(t)|\}$ 个工件作为 B_{k+1} 在时刻 t 开工，同时令 $k=k+1$。

步骤 4：如果机器正在加工一个不满的批 B_k 并且 $U(t) \neq \varnothing$，则进行步骤 4.1 至步骤 4.3。

步骤 4.1：如果 $k=1$ 且 $t=S_1+\varphi$，执行算法 Restart (k, t)。

步骤 4.2：如果 $S_k=S_1+\varphi$，$t=S_1+2\varphi^2+2\varphi$ 并且 $|B_k|+|U(t)| \leqslant b$，执行算法 Restart (k, t)。

步骤 4.3：如果 $k>1$，B_k 是自由批，$t=S_k+2\varphi$，同时 $|B_k|+|U(t)| \leqslant$

b，执行算法 Restart (k, t)。

步骤 5：否则，等待新工件到来或机器有空闲时并返回步骤 1。

我们通过具体的例子说明一下算法的运行。

例 4.3　我们讨论 $b=4$ 的情况。在时刻 0，工件 J_1 到达。按照算法的步骤 2，在 $t=\varphi$ 时开始加工第一个批，所以自由批 $B_1 = \{J_1\}$，B_1 的开工时间满足 $S_1 = \varphi$。在时刻 0.5，工件 J_2 到达。由于 B_1 是不满的批且 $0.5 < S_1 + \varphi = 2\varphi$，按照算法的步骤 4.1，在时刻 $t = S_1 + \varphi$ 时中断 B_1 的加工，并将 B_1 中的工件和 J_2 合并成新的限制批 $B_2 = \{J_1, J_2\}$ 开始加工。因此，$S_2 = S_1 + \varphi = 2\varphi$。在时刻 0.85，工件 J_3 到达。由于 $|B_2| + |U(t)| = 3 < b$，B_2 是不满的且 $0.85 < S_1 + 2\varphi^2 + 2\varphi$，按照算法的步骤 4.2，在时刻 $t = S_1 + 2\varphi^2 + 2\varphi$ 时中断 B_2 的加工，并将 B_2 中的工件和 J_3 合并成新的限制批 $B_3 = \{J_1, J_2, J_3\}$ 开始加工，所以 $S_3 = S_1 + 2\varphi^2 + 2\varphi$。算法 H $(b \geqslant 4)$ 的实例运行见图 4.2。

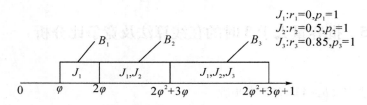

图 4.2　算法 H $(b \geqslant 4)$ 的实例运行

例 4.4　我们讨论 $b=4$ 的情况。在时刻 0.1，工件 J_1 到达。按照算法的步骤 2，在 $t=\varphi$ 时开始加工第一个批，所以自由批 $B_1 = \{J_1\}$，$S_1 = \varphi$。在时刻 0.6，工件 J_2 到达。由于 B_1 是不满的批且 $0.6 > S_1 + \varphi$，按照算法的步骤 3 和步骤 4，在时刻 $t = S_1 + 1$ 时 B_1 的加工结束，开始加工 B_2。因此，自由批 $B_2 = \{J_2\}$，$S_2 = S_1 + 1 = 1 + \varphi$。在时刻 1.6，工件 J_3 到达。由于 B_2 是不满的自由批，$|B_2| + |U(t)| = 2 < b$ 且 $1.6 < S_2 + 2\varphi$，按照算法的步骤 4.3，在时刻 $t = S_2 + 2\varphi$ 时中断 B_2 的加工，并将 B_2 中的工件和 J_3 合并成新的限制批 $B_3 = \{J_2, J_3\}$ 开始加工，所以 $S_3 = S_2 + 2\varphi$。

定理 4.4　对于问题 $1 \mid online, r_j, p_j = 1, p\text{-batch}, 4 \leqslant b < +\infty, restart \mid C_{\max}$，算法 H $(b \geqslant 4)$ 是一个竞争比为 $1 + \varphi$ 的最好可能的在线算法。

证明： 我们使用反证法。假设 I 是一个反例，使得 $C_{on}/C_{opt}>1+\varphi$。算法 H（$b\geqslant4$）作用于实例 I 产生了一个包含 n 个批 B_1，B_2，$\cdots$，B_n 的排序 σ，所以 $C_{on}=S_n+1$。注意 $S_1\in[\min(r_1,\varphi),\max(r_1,\varphi)]$ 以及 I 是一个反例，我们可以得到 $n\geqslant2$。同时，注意 $S_1\geqslant\varphi$ 且所有工件的到达时间不早于 $S_1-\varphi$。

令 t 是最早的时刻，使得在 t 和 C_{on} 之间机器无空闲且在时间区间 $[t,C_{on}]$ 上开工的批都没被中断。假设有 h 个批 B_{n-h+1}，$\cdots$，B_n 在时间区间 $[t,C_{on}]$ 内开工，那么 $C_{on}=t+h$。令 $n'=n-h+1$，那么 $S_{n'}=t$。令 $J'=B_{n'}\cup\cdots\cup B_n$。

断言一 B_n 是自由批并且 $h\geqslant2$。

反之，假设 B_n 是限制批，那么 B_{n-1} 是一个不满的批并且满足 $r_n>S_{n-1}$，从而有 $C_{opt}\geqslant r_n+1>S_{n-1}+1$。

如果 B_n 是将一个满足 $k'>1$ 的自由批 $B_{k'}$ 中断所得到的，那么 $S_{k'}\geqslant1$。根据算法 H（$b\geqslant4$）的步骤 4.3 可得 $k'=n-1$ 且 $S_n=S_{n-1}+2\varphi$，从而有 $C_{on}=S_n+1=S_{n-1}+2\varphi+1$。因此，$C_{on}/C_{opt}<(S_{n-1}+2\varphi+1)/(S_{n-1}+1)\leqslant1+\varphi$，这就与 I 是反例相矛盾。于是，B_n 是由中断别的限制批或 B_1 所得到的限制批。根据算法 H（$b\geqslant4$）的步骤 4.1 和步骤 4.2 可知，或者 $S_n=S_1+\varphi$，或者 $S_n=S_1+2\varphi^2+2\varphi$。

如果 $S_n=S_1+\varphi$，那么 $n=2$ 且 $C_{opt}>S_{n-1}+1=S_1+1$。因此，$C_{on}/C_{opt}<(S_1+\varphi+1)/(S_1+1)\leqslant1+\varphi$，这就与 I 是反例相矛盾。

如果 $S_n=S_1+2\varphi^2+2\varphi$，根据算法 H（$b\geqslant4$）的步骤 4.2，一定有工件在时刻 $S_1+\varphi$ 之后到达，从而有 $C_{opt}>S_1+\varphi+1$。考虑到 $S_1\geqslant\varphi$，因此 $C_{on}/C_{opt}<(S_1+2\varphi^2+2\varphi+1)/(S_1+\varphi+1)\leqslant(2\varphi^2+3\varphi+1)/(2\varphi+1)=1+\varphi$，这就与 I 是反例相矛盾。

以上讨论意味着 B_n 是一个自由批。如果 $h=1$，考虑到 $n\geqslant2$，则存在时间区间 $[S_n-\varepsilon,S_n]$（这里 ε 是一个足够小的正数）使得机器在该区间上是空闲的。根据算法 H（$b\geqslant4$）的步骤 3，我们有 $S_n=r_n$，从而有 $C_{on}=S_n+1=r_n+1\leqslant C_{opt}$，这就与 I 是反例相矛盾。因此，$h\geqslant2$。综上所述，断言一成立。

断言二 在这 $h-1$ 个批 $B_{n'}$，$\cdots$，B_{n-1} 中，至少有一个是不满的。

反之，假设这 $h-1$ 个批 $B_{n'}$，$\cdots$，B_{n-1} 都是满的。那么，$C_{\mathrm{opt}} \geqslant S_1 - \varphi + h$。

如果 $B_{n'}$ 是自由批，那么根据算法 H（$b \geqslant 4$）的步骤 2 和步骤 3 可知 $B_{n'}$，$\cdots$，B_n 中的所有工件到达时间不早于 $S_{n'} - \varphi$，从而 $C_{\mathrm{opt}} \geqslant S_{n'} - \varphi + h = C_{\mathrm{on}} - \varphi$，这就与 I 是反例相矛盾。因此，$B_{n'}$ 是限制批。

如果 $B_{n'}$ 是将一个满足 $k' > 1$ 的自由批 $B_{k'}$ 中断所得到的，根据算法 H（$b \geqslant 4$）的步骤 4.3，我们有 $S_{n'} = S_{k'} + 2\varphi \geqslant 1 + 2\varphi$，并且 $B_{n'+1}$，$\cdots$，B_n 中的所有工件在时刻 $S_{n'}$ 之后到达，从而有 $C_{\mathrm{opt}} \geqslant S_{n'} + h - 1$。因此，$C_{\mathrm{on}} / C_{\mathrm{opt}} \leqslant \dfrac{S_{n'} + h}{S_{n'} + h - 1} \leqslant 1 + 1/（2 + 2\varphi）< 1 + \varphi$，这就与 I 是反例相矛盾。于是，$B_{n'}$ 是由中断别的限制批或 B_1 所得到的限制批。根据算法 H（$b \geqslant 4$）的步骤 4.1 和步骤 4.2 可知，或者 $S_{n'} = S_1 + \varphi$，或者 $S_{n'} = S_1 + 2\varphi^2 + 2\varphi$。

如果 $S_{n'} = S_1 + \varphi$，考虑到 $h \geqslant 2$ 和 $S_1 \geqslant \varphi$，那么我们可以得到 $C_{\mathrm{on}} / C_{\mathrm{opt}} < （S_1 + \varphi + h）/（S_1 - \varphi + h）\leqslant 1 + \varphi$，这就与 I 是反例相矛盾。

如果 $S_{n'} = S_1 + 2\varphi^2 + 2\varphi$，根据算法 H（$b \geqslant 4$）的步骤 4.2，$B_{n'+1}$，$\cdots$，B_n 中的所有工件均在时刻 $S_{n'}$ 之后到达，从而我们有 $C_{\mathrm{opt}} \geqslant S_{n'} + h - 1$。因此

$$
\begin{aligned}
C_{\mathrm{on}} / C_{\mathrm{opt}} &\leqslant （S_{n'} + h）/（S_{n'} + h - 1）\\
&= 1 + 1/（S_{n'} + h - 1）\\
&\leqslant 1 + \frac{1}{S_1 + 2\varphi^2 + 2\varphi + 1}\\
&\leqslant 1 + 1/（2\varphi^2 + 3\varphi + 1）\\
&= 1 + \varphi
\end{aligned}
$$

这就与 I 是反例相矛盾。综上所述，断言二成立。

我们令 k 是满足 $k \leqslant n-1$ 以及 B_k 是不满批的最大的数。根据断言二，我们有 $k \geqslant n'$。设 $l = n - k + 1$ 是在区间 $[S_k, C_{\mathrm{on}}]$ 上开工的工件批的数目。则 $l \geqslant 2$，$C_{\mathrm{on}} = S_k + l$。考虑到 B_k 是不满的批且 B_k，$\cdots$，B_n 都没有被中断，所以 B_{k+1}，$\cdots$，B_n 都是自由批且这些批中工件的到达时间都晚于 S_k。同时考虑到 B_{k+1}，$\cdots$，B_{n-1} 都是满批，所以 $C_{\mathrm{opt}} \geqslant S_k + l - 1$。

断言三 B_k 是限制批。

反之，假设 B_k 是自由批。如果 $k=1$，由于 B_2 是自由批，根据算法 $H(b \geqslant 4)$ 的步骤 4.1，B_2，$\cdots$，B_n 中的所有工件在时刻 $S_1 + \varphi$ 之后到达，从而我们有 $C_{opt} \geqslant S_1 + \varphi + l - 1$。因此，$C_{on}/C_{opt} \leqslant (S_1 + l)/(S_1 + \varphi + l - 1) \leqslant \dfrac{2+\varphi}{1+2\varphi} < 1 + \varphi$，就与 I 是反例相矛盾。于是，我们有 $k \geqslant 2$，相应地 $S_k \geqslant 1$。

如果 $l \geqslant 3$，那么 $C_{on}/C_{opt} \leqslant (S_k + l)/(S_k + l - 1) = 1 + \dfrac{1}{(S_k + l - 1)} \leqslant 1 + \dfrac{1}{3} < 1 + \varphi$，这就与 I 是反例相矛盾。因此，$l = 2$，相应地 $k = n - 1 \geqslant 2$。

如果 $|B_{n-1}| + |B_n| \leqslant b$，由于 B_n 是自由批，根据算法 H（$b \geqslant 4$）的步骤 4.3，B_n 中的所有工件均在时刻 $S_{n-1} + 2\varphi$ 之后到达，从而我们有 $C_{opt} \geqslant S_{n-1} + 2\varphi + 1$。因此，$C_{on}/C_{opt} \leqslant (S_{n-1} + 2)/(S_{n-1} + 2\varphi + 1) \leqslant 2/(2\varphi + 1) < 1 + \varphi$，与 I 是反例相矛盾。于是，$|B_{n-1}| + |B_n| > b$。

如果 $S_{n-1} \geqslant S_1 + \varphi + 1$，则

$$
\begin{aligned}
C_{on}/C_{opt} &\leqslant (S_k + l)/(S_k + l - 1) \\
&= 1 + \frac{1}{S_{n-1} + 1} \\
&\leqslant 1 + 1/(S_1 + \varphi + 2) \\
&\leqslant 1 + 1/(2\varphi + 2) \\
&< 1 + \varphi
\end{aligned}
$$

这就与 I 是反例相矛盾。因此，$S_{n-1} < S_1 + \varphi + 1$。

由于 B_{n-1} 是自由批且 $n - 1 \geqslant 2$，根据算法 H（$b \geqslant 4$），或者存在时间区间 $[S_{n-1} - \varepsilon, S_{n-1}]$（这里 ε 是一个足够小的正数）使得机器在该区间上是空闲的，或者 $S_{n-1} = S_{n-2} + 1$。

如果存在时间区间 $[S_{n-1} - \varepsilon, S_{n-1}]$（这里 ε 是一个足够小的正数）使得机器在该区间上是空闲的，根据算法 H（$b \geqslant 4$）的步骤 3，B_{n-1}、B_n 中的所有工件的到达时间不早于 S_{n-1}，从而 $C_{opt} \geqslant S_{n-1} + 2 = C_{on}$，这就与 I 是反例相矛盾。因此，唯一的可能性是 $S_{n-1} = S_{n-2} + 1$，从而我们有 $C_{on} = S_{n-1} + 2 = S_{n-2} + 3$。

如果B_{n-2}是满批，考虑到$|B_{n-1}|+|B_n|>b$，我们就有$C_{opt} \geqslant S_1-\varphi+3$。因此

$$C_{on}/C_{opt} \leqslant (S_{n-1}+2) / (S_1-\varphi+3)$$

$$\leqslant (S_1+\varphi+3) / (S_1-\varphi+3)$$

$$\leqslant 1+\frac{2\varphi}{3}$$

$$<1+\varphi$$

这就与I是反例相矛盾。因此，B_{n-2}是不满的批。

由于$S_{n-1}<S_1+\varphi+1$，由算法H（$b\geqslant 4$）可得$S_{n-2}=S_1$。因为B_{n-1}是自由批，根据算法H（$b\geqslant 4$）的步骤4.1，B_{n-1}和B_n中的所有工件均在时刻$S_1+\varphi$之后到达，从而我们有$C_{opt} \geqslant S_1+\varphi+2$。因此，$C_{on}/C_{opt} \leqslant (S_1+3) / (S_1+\varphi+2) \leqslant (\varphi+3) / (2\varphi+2) <1+\varphi$，这就与$I$是反例相矛盾。综上所述，断言三成立。

如果B_k是将一个满足$k'>1$的自由批$B_{k'}$中断所得到的批，则根据算法H（$b\geqslant 4$）的步骤4.3，我们有$S_k=S_{k'}+2\varphi \geqslant 1+2\varphi$。从而我们可得$C_{on}/C_{opt} \leqslant (S_k+l) / (S_k+l-1) = 1+1/ (S_k+l-1) \leqslant 1+1/ (2\varphi+2) <1+\varphi$，这就与$I$是反例相矛盾。因此，$B_k$是由中断限制批或$B_1$所得到的限制批。根据算法$H$（$b\geqslant 4$）可知，或者$S_k=S_1+\varphi$，或者$S_k=S_1+2\varphi^2+2\varphi$。

如果$S_k=S_1+\varphi$且$l=2$，那么$k=n-1=2$，$n=3$，$C_{on}=S_k+2$。如果$|B_{n-1}|+|B_n|>b$，那么$C_{opt} \geqslant S_1-\varphi+2$，从而我们有$C_{on}/C_{opt} \leqslant (S_1+\varphi+2) / (S_1-\varphi+2) \leqslant 1+\varphi$，这就与$I$是反例相矛盾。如果$|B_{n-1}|+|B_n| \leqslant b$，注意$B_n$是自由批，根据算法$H$（$b\geqslant 4$）的步骤4.2可得，$B_n$中的工件都在时刻$S_1+2\varphi^2+2\varphi$之后到达，从而我们有$C_{opt} \geqslant S_1+2\varphi^2+2\varphi+1$。因此，$C_{on}/C_{opt} \leqslant (S_1+\varphi+2) /(S_1+2\varphi^2+2\varphi+1) \leqslant (2\varphi+2) / (2\varphi^2+3\varphi+1) <1+\varphi$，这就与$I$是反例相矛盾。

如果$S_k=S_1+\varphi$且$l\geqslant 3$，那么我们有

$$C_{on}/C_{opt} \leqslant (S_k+l) / (S_k+l-1)$$

$$= 1+1/ (S_k+l-1)$$

$$\leqslant 1+1/\ (S_1+\varphi+2)$$
$$\leqslant 1+1/\ (2\varphi+2)$$
$$<1+\varphi$$

这就与 I 是反例相矛盾。

如果 $S_k=S_1+2\varphi^2+2\varphi$，那么

$$C_{on}/C_{opt}\leqslant\ (S_k+l)\ /\ (S_k+l-1)$$
$$=1+1/\ (S_k+l-1)$$
$$\leqslant 1+1/\ (S_1+2\varphi^2+2\varphi+1)$$
$$\leqslant 1+1/\ (2\varphi^2+3\varphi+1)$$
$$=1+\varphi$$

这就与 I 是反例相矛盾。

根据以上的分析可知，我们的假设即存在反例 I，使得 $C_{on}/C_{opt}>1+\varphi$ 是错误的。所以算法 H（$b\geqslant 4$）的竞争比不超过 $1+\varphi$。根据定理 4.3 可知，算法 H（$b\geqslant 4$）是竞争比为 $1+\varphi$ 的最好可能的在线算法。定理证毕。

4.6 允许 k-有限重启（$k\geqslant 2$）时的问题

下面我们来看一下工件允许 k-有限重启时相应的问题。k-有限重启是指每个工件最多可重启 k 次（$k\geqslant 2$），相应的问题可表示为 $1\,|\,online$，r_j，$p_j=1$，p-$batch$，$b<+\infty$，k-L-$restart\,|\,C_{max}$。

对于工件允许 k-有限重启的问题，我们首先要研究工件最多允许重启 1 次和工件允许重启无限次的问题，其次通过调整和归纳逐步地解决最多重启 k 次（k 为不小于 2 的任意正整数）的问题。相比于工件最多允许重启 1 次和工件允许重启无限次的问题，工件允许 k-有限重启的问题更加具有一般性和实际意义。

从本章的前面内容可以观察到如下事实：

（1）问题 $1\,|\,online$，r_j，$p_j=1$，p-$batch$，$b<+\infty$，$restart\,|\,C_{max}$ 的下界一

定也是问题 $1 \mid online，r_j，p_j = 1，p\text{-}batch，b < +\infty，k\text{-}L\text{-}restart \mid C_{max}$ 的下界。

（2）当批容量 $b = 2$ 时，注意一个限制批一定是满批，所以 $1 \mid online，r_j，p_j = 1，p\text{-}batch，b = 2，L\text{-}restart \mid C_{max}$ 等价于问题 $1 \mid online，r_j，p_j = 1，p\text{-}batch，b = 2，k\text{-}L\text{-}restart \mid C_{max}$。因此，算法 $H_L（b = 2）$ 也是问题 $1 \mid online，r_j，p_j = 1，p\text{-}batch，b = 2，k\text{-}L\text{-}restart \mid C_{max}$ 的最好可能的在线算法。

（3）在算法 $H（b = 3）$ 中，每个工件最多中断两次。因此，算法 $H（b = 3）$ 也是问题 $1 \mid online，r_j，p_j = 1，p\text{-}batch，b = 3，k\text{-}L\text{-}restart \mid C_{max}$ 的最好可能的在线算法。

（4）在算法 $H（b \geqslant 4）$ 中，每个工件最多中断两次。因此，算法 $H（b \geqslant 4）$ 也是问题 $1 \mid online，r_j，p_j = 1，p\text{-}batch，4 \leqslant b < +\infty，k\text{-}L\text{-}restart \mid C_{max}$ 的最好可能的在线算法。

下面，我们把第 3 章（有限重启）和第 4 章（重启，k-有限重启）的主要结果以表格的形式表示出来。注意，α 是方程 $(1+x)(2x^2+4x+1) = 3$ 的唯一正根，β 是方程 $x(1+x)^2 = 1$ 的唯一正根，γ 是方程 $x(1+x)(2x+3) = 2$ 的唯一正根，φ 是方程 $x(1+x)(2x+1) = 1$ 的唯一正根。不同重启模式和不同容量 b 相对应的竞争比见表 4.1。

表 4.1　不同重启模式和不同容量 b 相对应的竞争比

b	有限重启的竞争比	重启的竞争比	k-有限重启的竞争比
$b = 2$	$1+\alpha$	$1+\alpha$	$1+\alpha$
$b = 3$	$1+\beta$	$1+\gamma$	$1+\gamma$
$b \geqslant 4$	$1+\beta$	$1+\varphi$	$1+\varphi$

5 带有重启和运输的平行批处理机排序问题

5.1 问题介绍

本章我们研究了等长工件在一台批容量有限的平行批处理机上加工且带有运输的在线排序问题，其中工件允许有限重启，工件加工完毕要运输，批容量为 b，目标函数是最小化最大运输完工时间。利用三参数表示法，该问题可以表示为 $1 \mid online, r_j, \ p_j = 1, \ q_j, \ p\text{-batch}, \ b < +\infty, \ L\text{-restart} \mid L_{\max}$。其中，$L_{\max}$ 指的是工件的最大运输完工时间，也是最终送达时间，即 $L_{\max} = \max\limits_{1 \leqslant j \leqslant n} \{ L_j \} = \max\limits_{1 \leqslant j \leqslant n} \{ C_j + q_j \}$。这里 C_j 是工件 J_j 在机器上的完工时间，q_j 是工件 J_j 的运输时间。本章中的在线排序、有限重启、自由批和限制批和前面几章中的定义一样。注意，有限重启是指每个工件最多可重启一次，所以包含有被中断工件的批（限制批）就不能再被中断了。

本章所研究的问题综合考虑了有限重启、运输时间、批容量有限三个条件，并研究了等长工件这一情形。我们的分析结果表明，这一问题的下界和批的容量有关系。我们令 α 是方程 $2x(1+x) = 1$ 的唯一正根，β 是方程 $x(1+x)^2 = 1$ 的唯一正根。当 $b = 2$ 时，我们给出了一个竞争比为 $1 + \alpha$ 的最好可能的在线算法；当 $b \geqslant 3$ 时，我们给出了一个竞争比为 $1 + \beta$ 的最好可能的在线算法。

我们的讨论中将用到下述记号和术语：

（1）$L_{on}=L_{on}$（I）表示实例 I 的在线算法所得到的目标值。

（2）$L_{opt}=L_{opt}$（I）表示实例 I 的最优离线算法所得到的目标值。

（3）σ 是在线算法作用于实例 I 产生的排序。

（4）B_i 是 σ 中第 i 个开工的批。

（5）S（B_i）是 B_i 的开工时间。

（6）J（B_i）是 B_i 中运输时间最长的工件中的最晚到达的工件。

（7）r（B_i）是 J（B_i）的到达时间。

（8）q（B_i）是 J（B_i）的运输时间。

（9）U（t）表示在时刻 t 已经到达但还没有加工的工件集合。

（10）B_i 是满批指的是 B_i 中的工件数目等于批容量 b。

（11）B_i 是不满批指的是 B_i 中的工件数目小于批容量 b。

本书中，我们要调用子算法 Restart（k，t）。

Restart（k，t）：在时刻 t 中断 B_k 的加工并且从 $B_k \cup U$（t）选取运输时间最大的 $\min\{b, |B_k \cup U（t）|\}$ 个工件作为 B_{k+1} 在时刻 t 开始加工，同时令 $k=k+1$。

5.2 批容量为 2 时问题的下界

我们令 α 是方程 $2x$（$1+x$）$=1$ 的唯一正根。

定理 5.1 对于问题 $1|online,r_j, p_j=1, q_j, p\text{-}batch, b=2, L\text{-}restart| L_{max}$，不存在竞争比小于 $1+\alpha$ 的在线算法。

证明： 我们使用反证法。假设存在一个竞争比小于 $1+\alpha$ 的算法 H。

在时刻 0，第一个工件 J_1 到达并且运输时间 $q_1=0$。为了满足算法 H 竞争比小于 $1+\alpha$ 的假设，我们有 $S_1<\alpha$。第二个工件 J_2 在时刻 $S_1+\alpha$ 到达并且运输时间 $q_2=0$。如果 $S_2 \geqslant S_1+1$，那么之后没有新工件到达。在离线排序中，我们可将 $\{J_1, J_2\}$ 作为一批在时刻 $S_1+\alpha$ 开工，所以 $L_{opt} \leqslant S_1+\alpha+1$。因此

$$L_{on}/L_{opt} \geq \frac{S_2+1}{S_1+\alpha+1}$$

$$\geq (S_1+2) / (S_1+\alpha+1)$$

$$\geq (2+\alpha) / (2\alpha+1)$$

$$= 1+\alpha$$

这就与算法 H 竞争比小于 $1+\alpha$ 的假设相矛盾。因此，$S_2 < S_1+1 < 1+\alpha$。同时，这也意味着 B_2 是限制批，并且 $B_2 = \{J_1, J_2\}$。

如果 $S_2 < 2\alpha$，在时刻 S_2，第三个工件 J_3 到达并且运输时间 $q_3 = 1$，且之后没有工件到达。在离线排序中，我们可将 J_3 作为一批在时刻 S_2 开工，将 $\{J_1, J_2\}$ 作为一批在时刻 S_2+1 开工，所以 $L_{opt} \leq S_2+2$。因为 B_2 是限制批不能被中断，所以 $C_{on} \geq S_2+2+q_3 = S_2+3$。因此

$$L_{on}/L_{opt} \geq (S_2+3) / (S_2+2)$$

$$= 1+\frac{1}{S_2+2}$$

$$\geq 1+1/ (2\alpha+2)$$

$$= 1+\alpha$$

这与算法 H 的竞争比小于 $1+\alpha$ 相矛盾。

如果 $S_2 \geq 2\alpha$，在时刻 S_2，第三个工件 J_3 到达并且运输时间 $q_3 = 0$，且之后没有工件到达。由于 B_2 是限制批不能被中断，所以 $L_{on} \geq S_2+2$。在离线排序中，我们可将 J_1 作为一批在时刻 0 开工，将 $\{J_2, J_3\}$ 作为一批在时刻 $\max\{1, S_2\}$ 开工，所以 $L_{opt} \leq \max\{2, S_2+1\}$。因此

$$L_{on}/L_{opt} \geq (S_2+2) /\max\{2, S_2+1\}$$

$$= min\{ (S_2+2) /2, 1+1/(S_2+1)\}$$

$$\geq min\{1+\alpha, 1+1/ (\alpha+2)\}$$

$$= 1+\alpha$$

这就与算法 H 的竞争比小于 $1+\alpha$ 的假设相矛盾。

综上可得，存在竞争比小于 $1+\alpha$ 的算法的假设是错误的。定理得证。

5.3　批容量为 2 时的在线算法及竞争比分析

算法 AL（$b=2$）有 5 个步骤。

令 $k=0$。

步骤 1：在时刻 t，进行步骤 2 至步骤 5。

步骤 2：如果 $k=0$，$t \geqslant \alpha$ 并且 $U(t) \neq \varnothing$，那么在 $U(t)$ 中选取运输时间最大的 $\min\{2, |U(t)|\}$ 个工件作为新的批 B_{k+1} 在时刻 t 开始加工，同时令 $k=k+1$。

步骤 3：如果 $k \geqslant 1$，机器是空闲的并且 $U(t) \neq \varnothing$，那么在 $U(t)$ 中选取运输时间最大的 $\min\{2, |U(t)|\}$ 个工件作为新的批 B_{k+1} 在时刻 t 开始加工，同时令 $k=k+1$。

步骤 4：如果机器正在加工批 B_k，$U(t) \neq \varnothing$，并且 $k \leqslant 2$，S_k 之前开工的批都没有被中断过，进行步骤 4.1 和步骤 4.2。

步骤 4.1：如果 B_k 是不满的并且 $t=S_k+\alpha$，执行算法 Restart（k，t）。

步骤 4.2：如果 $k=1$，B_k 是满的，$t=S_k+\alpha$ 并且 $U(t)$ 中工件的最大运输时间大于 B_k 中工件的最小运输时间，执行算法 Restart（k，t）。

步骤 5：否则，等待新工件到来时或机器有空闲时回到步骤 1。

我们举例来说明算法的运行。

例 5.1　在时刻 0，工件 J_1、J_2、J_3 到达，相应的运输时间分别是 $q_1=1$，$q_2=1.5$，$q_3=2$。按照算法的步骤 2，在时刻 $t=\alpha$ 开始加工第一个批，选择的加工工件是 J_1，J_2，J_3 中运输时间最大的 2 个，所以 $B_1=\{J_2, J_3\}$，$S_1=\alpha$。在时刻 0.45，工件 J_4 到达，且运输时间满足 $q_4=2$。按照算法的步骤 4.2，由于 $0.45<S_1+\alpha$ 并且工件 J_4 的运输时间大于 B_1 中工件 J_1 的运输时间，则在时刻 $t=S_1+\alpha$ 中断 B_1 的加工并且选择 $B_1 \cup U(t)=\{J_1, J_2, J_3, J_4\}$ 中运输时间最大的 2 个工件作为新的加工批，所以 $B_2=\{J_3, J_4\}$，$S_2=S_1+\alpha=2\alpha$。在时刻 0.81，工件 J_5 到达且 J_5 的运输时间 $q_5=0.5$。根据算法步

骤 3，在时刻 $t=S_2+1$ 从当前待加工工件 $\{J_1，J_2，J_5\}$ 中选择运输时间最大的 2 个工件 $\{J_1，J_2\}$ 作为一批加工，所以 $B_3=\{J_1，J_2\}$，而开工时间 $S_3=S_2+1=2\alpha+1$。最后在时刻 $t=S_3+1$ 开始加工第四个批，所以 $B_4=\{J_5\}$，$S_4=S_3+1=2\alpha+2$。而目标函数 $L_{\max}=\max\limits_{1\leqslant j\leqslant 5}\{L_j\}=2\alpha+3.5$。算法 AL（$b=2$）的运行实例见图 5.1。

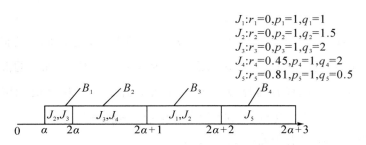

图 5.1 算法 AL（$b=2$）的运行实例

例 5.2 在时刻 0.4，工件 J_1 到达，J_1 的运输时间是 $q_1=1$。由于 $0.4>\alpha$，按照算法的步骤 2，在时刻 $t=0.4$ 开始加工第一个批，所以 $B_1=\{J_1\}$，$S_1=0.4$。在时刻 0.55，工件 J_2 到达，且 J_2 的运输时间满足 $q_2=2$。由于 B_1 不满且 $0.55<S_1+\alpha$，按照算法的步骤 4.2，则在时刻 $t=S_1+\alpha$ 中断 B_1 的加工并且将 $\{J_1，J_2\}$ 作为新的加工批，所以限制批 $B_2=\{J_1，J_2\}$，$S_2=S_1+\alpha=0.4+\alpha$。在时刻 1，工件 J_3 到达且 J_3 的运输时间 $q_3=3$。根据算法步骤 3，在时刻 $t=S_2+1=1.4+\alpha$ 开始加工第三个批，所以 $B_3=\{J_3\}$，$S_3=S_2+1=1.4+\alpha$。而目标函数 $L_{\max}=\max\limits_{1\leqslant j\leqslant 5}\{L_j\}=\alpha+5.4$。

观察 5.1 我们将算法 AL（$b=2$）作用于实例 I 产生的排序记为 σ，那么 σ 有如下特点：

（1）对于任意一批 B_i，我们总有 $S_i\geqslant\alpha$。

（2）所有工件的到达时间不早于 $S_1-\alpha$，并且如果 $S_1>\alpha$，那么所有工件的到达时间不早于 S_1。

（3）如果 B_j 中断了 B_{j-1}，那么 $S_j=S_{j-1}+\alpha$。

（4）如果 $k\geqslant 3$，那么 $S_k\geqslant 2\alpha+1$。

定理 5.2 对于问题 $1|\text{online},r_j，p_j=1，q_j，p\text{-batch}，b=2，L\text{-restart}|$

$L_{\max}$，算法 AL（$b=2$）是一个竞争比为 $1+\alpha$ 的最好可能的在线算法。

证明： 我们使用反证法来证明。假设存在实例 I 满足 $L_{on}/L_{opt}>1+\alpha$。σ 是算法 AL（$b=2$）作用于实例 I 产生的排序。设 B_n 是 σ 中开工最早的没有被中断并且决定 L_{on} 的批，那么 $L_{on}=S_n+1+q（B_n）$。设 π 是实例 I 的最优离线排序。根据算法 AL（$b=2$），我们总是有 $S_1 \leqslant \max\ \{r（B_1）,\ \alpha\}$。因此，$L_{on}/L_{opt}>1+\alpha$ 意味着 $n \geqslant 2$。

我们令 $C_{on}=S_n+1$，或者说，C_{on} 是 B_n 在机器上的完工时间。我们令 t 是 σ 中最早的满足 $[t,\ C_{on}]$ 上机器没有空闲且在 $[t,\ C_{on}]$ 加工的批都没有被中断的时刻。假设在排序 σ 中有 h 个批 $B_{n-h+1},\cdots,B_n$ 在时间区间 $[t,\ C_{on}]$ 加工，那么 $C_{on}=t+h$。我们令 $n'=n-h+1$，则 $S_{n'}=t$。

断言一 B_n 没有中断 B_{n-1}，且 $h \geqslant 2$。

假设 B_n 中断了 B_{n-1}，那么 $L_{on}=S_n+1+q（B_n）=S_{n-1}+\alpha+1+q（B_n）$。根据算法 AL（$b=2$），我们有 $n=2,3$。我们令 J' 是在时间区间 $(S_{n-1},\ S_n]$ 到达的具有最大运输时间的工件，q' 是 J' 的运输时间，r' 是 J' 的到达时间。那么，$q（B_n）=\max\ \{q（B_{n-1}）,\ q'\}$。

如果 $q' \geqslant q（B_{n-1}）$，则 $q（B_n）=q'$，$L_{opt} \geqslant r'+1+q'>S_{n-1}+1+q'$，且 $L_{on}=S_{n-1}+\alpha+1+q'$。因此，$L_{on}/L_{opt}<1+\alpha$，与假设 $L_{on}/L_{opt}>1+\alpha$ 相矛盾。于是，我们有 $q'<q（B_{n-1}）$，或者说 $q（B_n）=q（B_{n-1}）$。

如果在最优排序 π 中只有一批，那么 $L_{opt} \geqslant r'+1+q（B_n）>S_{n-1}+1+q（B_n）$，所以 $L_{on}/L_{opt} \leqslant [S_{n-1}+\alpha+1+q（B_n）]\ /\ [S_{n-1}+1+q（B_n）]<1+\alpha$，与假设 $L_{on}/L_{opt}>1+\alpha$ 相矛盾。所以 π 中至少有两个批。由此我们可知 $L_{on}=S_{n-1}+\alpha+1+q（B_{n-1}）$，并且 $L_{opt} \geqslant 2$。

如果 $n=2$，那么 $L_{on}=S_1+\alpha+1+q（B_1）$。根据观察 5.1 可得，$L_{opt} \geqslant S_1-\alpha+1+q（B_1）$。考虑到 $L_{opt} \geqslant 2$，因此 $L_{on}/L_{opt} \leqslant 1+\alpha$，与假设 $L_{on}/L_{opt}>1+\alpha$ 相矛盾。

如果 $n=3$，那么 $L_{on}=S_2+\alpha+1+q（B_2）$。根据算法 AL（$b=2$）我们可知，$B_2$ 没有中断 B_1，或者说，$S_2 \geqslant S_1+1$。如果 $S_2>S_1+1$，那么 B_2 中的所有工件的到达时间不早于 S_2，从而 $L_{opt} \geqslant S_2+1+q（B_2）$。因此，$L_{on}/L_{opt}<1+\alpha$，

与假设$L_{on}/L_{opt}>1+\alpha$ 相矛盾。

如果$S_2=S_1+1$，那么$L_{on}=S_1+\alpha+2+q$（B_2）。如果在最优离线排序 π 中，J（B_2）在第一个批之后开工，那么$L_{opt}\geqslant S_1-\alpha+2+q$（$B_2$）。因此，$L_{on}/L_{opt}\leqslant$ ［$S_1+\alpha+2+q$（B_2）］／［$S_1-\alpha+2+q$（B_2）］$\leqslant 1+\alpha$，与假设$L_{on}/L_{opt}>1+\alpha$ 相矛盾。如果在最优离线排序 π 中，J（B_2）在第一个批加工且r（B_2）$\geqslant S_1$ $+\alpha$，考虑到 π 中至少有两批工件加工，那么$L_{opt}\geqslant \max$ ｛$S_1+\alpha+1+q$（B_2），$S_1+\alpha+2$｝。因此，$L_{on}/L_{opt}\leqslant$ ［$S_1+\alpha+2+q$（B_2）］／$\max$ ｛$S_1+\alpha+1+q$（B_2），$S_1+\alpha+2$｝$\leqslant 1+1/$（$2\alpha+2$）$=1+\alpha$，与假设$L_{on}/L_{opt}>1+\alpha$ 相矛盾。如果在最优离线排序 π 中，J（B_2）在第一个批加工且r（B_2）$<S_1+\alpha$，那么在排序 σ 中B_1是满批且B_1中工件的运输时间都不小于J（B_2）的运输时间q（B_2）。因此，$L_{opt}\geqslant S_1-\alpha+2+q$（$B_2$）。从而有$L_{on}/L_{opt}\leqslant$［$S_1+\alpha+2+q$（$B_2$）］／［$S_1-\alpha+2+q$（$B_2$）］$\leqslant 1+\alpha$，而这与假设$L_{on}/L_{opt}>1+\alpha$ 相矛盾。

以上的分析意味着B_n没有中断B_{n-1}。注意，$n\geqslant 2$。如果$h=1$，那么$S_n>S_{n-1}+1$。根据算法 AL（$b=2$）的步骤 2 可知，$S_n=r$（B_n）。因此，$L_{on}=S_n+1+q$（B_n）$=r$（B_n）$+1+q$（B_n）$\leqslant L_{opt}$，与假设$L_{on}/L_{opt}>1+\alpha$ 相矛盾。因此，我们可得$h\geqslant 2$。综上所述，断言一成立。

断言二　在这 $h-1$ 个批$B_{n'}$，$\cdots$，B_{n-1}中有不满的批。

反之，这 $h-1$ 个批$B_{n'}$，$\cdots$，B_{n-1}都是满的。

我们假设$B_{n'}\cup\cdots\cup B_{n-1}$中存在运输时间小于$q$（$B_n$）的工件，令$B_k\in$ ｛$B_{n'}\cup\cdots\cup B_{n-1}$｝，使得$B_k$中存在运输时间小于$q$（$B_n$）的工件并且$B_k$的开工最晚，那么在区间（$S_k$，$S_n$）开工的所有批中的工件以及$J$（$B_n$）都满足运输时间不小于$q$（$B_n$），并且到达时间晚于$S_k$。因此，$L_{opt}\geqslant S_k+n-k+q$（$B_n$），$L_{on}=S_k+n-k+1+q$（$B_n$），从而$L_{on}-L_{opt}\leqslant 1$。

如果$k\geqslant 3$ 或者 $k=2$ 并且 $n\geqslant 4$，那么$S_k+n-k\geqslant 2+2\alpha$。因此，（$L_{on}-L_{opt}$）／$L_{opt}\leqslant 1/$（$2\alpha+2$）$=\alpha$，与假设$L_{on}/L_{opt}>1+\alpha$ 相矛盾。

如果$k=2$ 并且 $n=3$，那么r（B_3）$>S_2$，$L_{opt}\geqslant r$（B_3）$+1+q$（B_3）$>S_2+1+q$（B_3）。因为B_2是满批，在最优排序 π 中至少有两批。如果B_2中断了B_1，那么$S_2=S_1+\alpha$，$L_{on}=S_1+\alpha+2+q$（B_3）。如果J（B_3）在 π 中在第一个

批加工，那么$L_{opt} \geq r(B_3) + 2 \geq S_1 + \alpha + 2 \geq 2 + 2\alpha$，因此，$(L_{on} - L_{opt})/L_{opt} \leq$
$\dfrac{1}{2\alpha + 2} = \alpha$，与假设$L_{on}/L_{opt} > 1 + \alpha$相矛盾。如果$J(B_3)$在$\pi$中不在第一个批
加工，那么$L_{opt} \geq S_1 - \alpha + 2 + q(B_3)$。故$L_{on}/L_{opt} \leq [S_1 + \alpha + 2 + q(B_3)]/[S_1 -$
$\alpha + 2 + q(B_3)] \leq 1 + \alpha$，与假设$L_{on}/L_{opt} > 1 + \alpha$相矛盾。由此可知，$B_2$没有中
断B_1，或者说，$S_2 \geq S_1 + 1$。注意，现在有$L_{on} = S_2 + 2 + q(B_3)$。

如果$S_2 > S_1 + 1$，那么$\{B_2, B_3\}$中的所有工件到达时间不早于S_2。考
虑到B_2是满批，那么$L_{opt} \geq S_2 + 2 \geq 3 + \alpha$。因此，$(L_{on} - L_{opt})/L_{opt} \leq 1/(\alpha + 3) <$
α，与假设$L_{on}/L_{opt} > 1 + \alpha$相矛盾。

如果$S_2 = S_1 + 1$，那么$L_{on} = S_2 + 2 + q(B_3) = S_1 + 3 + q(B_3)$。如果$B_1$是满
批，那么$L_{opt} \geq 3$。因此$(L_{on} - L_{opt})/L_{opt} \leq 1/3 < \alpha$，与假设$L_{on}/L_{opt} > 1 + \alpha$相矛
盾。如果B_1是非满批，考虑到B_2没有中断B_1，那么$\{B_2, B_3\}$中所有工件
的到达时间晚于$S_1 + \alpha$，从而有$L_{opt} \geq S_1 + \alpha + 2 \geq 2 + 2\alpha$。因此，$(L_{on} - L_{opt})/$
$L_{opt} \leq 1/(2\alpha + 2) = \alpha$，与假设$L_{on}/L_{opt} > 1 + \alpha$相矛盾。

如果$k = 1$，则B_1是满批且B_2没有中断B_1。根据算法 AL（$b = 2$）的步骤
3，在时间区间(S_1, S_n)开工的批中的所有工件以及$J(B_n)$运输时间不小
于$q(B_n)$，到达时间晚于$S_1 + \alpha$。从而$L_{opt} \geq S_1 + \alpha + n - 1 + q(B_n)$，且$L_{on} = S_1 +$
$n + q(B_n)$。因此，$L_{on}/L_{opt} \leq [S_1 + n + q(B_n)]/[S_1 + \alpha + n - 1 + q(B_n)] \leq$
$(2 + \alpha)/(2\alpha + 1) = 1 + \alpha$，与假设$L_{on}/L_{opt} > 1 + \alpha$相矛盾。

上述讨论表明，$B_{n'}, \cdots, B_{n-1}$中的所有工件的运输时间不小于
$q(B_n)$。因此，$L_{opt} \geq S_1 - \alpha + h + q(B_n)$。

如果$B_{n'}$中断了$B_{n'-1}$，那么$n' = 2, 3$。如果$n' = 2$，那么$L_{on} = S_2 +$
$h + q(B_n) = S_1 + \alpha + h + q(B_n)$。考虑到$h \geq 2$和$S_1 \geq \alpha$，我们有$L_{on}/L_{opt} \leq$
$[S_1 + \alpha + h + q(B_n)]/[S_1 - \alpha + h + q(B_n)] \leq 1 + \alpha$，与假设$L_{on}/L_{opt} > 1 + \alpha$
相矛盾。

如果$n' = 3$，那么B_2是非满批，$S_2 \geq S_1 + 1$且$L_{on} = S_3 + h + q(B_n) = S_2 + \alpha +$
$h + q(B_n)$。因此，B_2中仅有一个工件。

如果$q(B_2) < q(B_n)$，考虑到$B_{n'} \cup \cdots \cup B_{n-1} \cup J(B_n)$中所有工件的
运输时间不小于$q(B_n)$，所以这些工件的到达时间晚于S_2。因此，我们有

$L_{opt} \geq S_2 + h + q\ (B_n)$，所以 $L_{on}/L_{opt} \leq [S_2 + \alpha + h + q\ (B_n)]\ /\ [S_2 + h + q\ (B_n)] < 1 + \alpha/[S_2 + h + q\ (B_n)] < 1 + \alpha$，与假设 $L_{on}/L_{opt} > 1 + \alpha$ 相矛盾。

如果 $q\ (B_2) \geq q\ (B_n)$ 并且 $r\ (B_2) < S_1 + \alpha$，那么 $S_2 = S_1 + 1$，$L_{on} = S_1 + \alpha + h + 1 + q\ (B_n)$，$B_1$ 是满批且 B_1 中所有工件的运输时间不小于 $q\ (B_n)$。因此，$L_{opt} \geq S_1 - \alpha + h + 1 + q\ (B_n)$。于是，$L_{on}/L_{opt} \leq [S_1 + \alpha + h + 1 + q\ (B_n)]\ /\ [S_1 - \alpha + h + 1 + q\ (B_n)] < 1 + \alpha$，与假设 $L_{on}/L_{opt} > 1 + \alpha$ 相矛盾。

如果 $q\ (B_2) \geq q\ (B_n)$ 并且 $S_1 + \alpha \leq r\ (B_2) \leq S_1 + 1$，考虑到 B_2 中仅有一个工件，那么 $S_2 = S_1 + 1$，$L_{on} = S_1 + \alpha + h + 1 + q\ (B_n)$，并且 $B_{n'} \cup \cdots \cup B_{n-1} \cup B_n$ 中每一个工件到达时间不早于 $S_1 + \alpha$。于是，$L_{opt} \geq S_1 + \alpha + h + q\ (B_n)$。因此，$L_{on}/L_{opt} \leq [S_1 + \alpha + h + 1 + q\ (B_n)]\ /\ [S_1 + \alpha + h + q\ (B_n)] < 1 + \dfrac{1}{2 + 2\alpha} = 1 + \alpha$，与假设 $L_{on}/L_{opt} > 1 + \alpha$ 相矛盾。

如果 $q\ (B_2) \geq q\ (B_n)$ 并且 $r\ (B_2) > S_1 + 1$，那么 $S_2 > S_1 + 1$，且 $B_{n'} \cup \cdots \cup B_{n-1} \cup B_n$ 中所有工件的到达时间不早于 S_2，因此 $L_{opt} \geq S_2 + h + q\ (B_n)$。于是，$L_{on}/L_{opt} \leq [S_2 + \alpha + h + q\ (B_n)]\ /\ [S_2 + h + q\ (B_n)] \leq 1 + \alpha$，与假设 $L_{on}/L_{opt} > 1 + \alpha$ 的矛盾。

综上可得，$B_{n'}$ 没有中断 $B_{n'-1}$。那么，在 σ 中存在时刻 t_0 满足 $t_0 < S_{n'}$ 且机器在 $[t_0, S_{n'}]$ 是空闲的。故根据算法 AL（$b = 2$）的步骤 1 和步骤 2，$B_{n'} \cup \cdots \cup B_{n-1} \cup B_n$ 中所有工件的到达时间不早于 $S_{n'} - \alpha$。因此，$L_{opt} \geq S_{n'} - \alpha + h + q\ (B_n)$，从而 $L_{on}/L_{opt} \leq [S_{n'} + h + q\ (B_n)]\ /[S_{n'} - \alpha + h + q\ (B_n)] < 1 + \alpha$，与假设 $L_{on}/L_{opt} > 1 + \alpha$ 相矛盾。综上所述，断言二成立。

我们令 e 是最大的满足 $e \leq n - 1$ 且 B_e 是非满批的正整数。根据断言二，我们有 $e \geq n'$。

断言三　$e \leq n - 2$。

反之，假设 $e = n - 1$。因为 B_{n-1} 是非满批，我们有 $r\ (B_n) > S_{n-1}$，$L_{on} = S_e + 2 + q\ (B_n)$ 并且 $L_{opt} \geq r\ (B_n) + 1 + q\ (B_n) > S_e + 1 + q\ (B_n)$。

如果某些在 S_e 之前开工的批被中断，考虑到 B_e 是非满批，那么被中断的批一定在 S_{e-1} 之前开工，从而 $S_e \geq S_3 \geq 2\alpha + 1$。因此

$$L_{on}/L_{opt} \leq [S_e + 2 + q\ (B_n)]\ /[S_e + 1 + q\ (B_n)]$$

$$\leqslant (3+2\alpha) / (2\alpha+2)$$
$$= 1+\alpha$$

这与假设$L_{on}/L_{opt}>1+\alpha$相矛盾。

接下来，我们假设在S_e之前开工的批都没有被中断。

如果$n\leqslant 3$，那么$e\leqslant 2$。由于B_e是非满批且没有被中断，根据算法 AL（$b=2$）的步骤 3.1 可知，B_n中的所有工件在$S_e+\alpha$之后到达，从而有$L_{opt}\geqslant S_e+\alpha+1+q(B_n)$。因此，$L_{on}/L_{opt}\leqslant [S_e+2+q(B_n)]/[S_e+\alpha+1+q(B_n)]\leqslant (2+\alpha)/(2\alpha+1)=1+\alpha$，与假设$L_{on}/L_{opt}>1+\alpha$相矛盾。

如果$n\geqslant 4$，那么$S_e\geqslant S_3\geqslant 2\alpha+1$，相应地，我们可得$L_{on}/L_{opt}\leqslant [S_e+2+q(B_n)]/[S_e+1+q(B_n)]\leqslant 1+1/(2\alpha+2)=1+\alpha$，与假设$L_{on}/L_{opt}>1+\alpha$相矛盾。综上所述，断言三成立。

根据B_e的定义和断言三可得，$n-e\geqslant 2$，B_{e+1}，$\cdots$，B_{n-1}都是满批，且在S_e之后开工的批中的所有工件到达时间都晚于S_e。注意，此时$n\geqslant 3$，且$L_{on}=S_e+n-e+1+q(B_n)$。

如果B_{e+1}，$\cdots$，B_{n-1}中的所有工件运输时间都不小于$q(B_n)$，那么$L_{opt}\geqslant S_e+n-e+q(B_n)$。如果$e\geqslant 2$，那么$S_e\geqslant 2\alpha$。因此，$L_{on}/L_{opt}\leqslant [S_e+n-e+1+q(B_n)]/[S_e+n-e+q(B_n)]\leqslant 1+1/(2\alpha+2)=1+\alpha$，与假设$L_{on}/L_{opt}>1+\alpha$相矛盾。如果$e=1$，考虑到$B_e$是非满批且没有被中断，根据算法 AL（$b=2$）的步骤 3.1，在$S_1$之后开工的批中的所有工件到达时间晚于$S_1+\alpha$。因此，$L_{opt}\geqslant S_1+\alpha+n-1+q(B_n)$。于是，$L_{on}/L_{opt}\leqslant [S_1+n+q(B_n)]/[S_1+\alpha+n-1+q(B_n)]\leqslant (3+\alpha)/(2\alpha+2)<1+\alpha$，与假设$L_{on}/L_{opt}>1+\alpha$相矛盾。

接下来，我们假设$B_{e+1}\cup\cdots\cup B_{n-1}$中存在运输时间小于$q(B_n)$的工件。令$k_0$是满足$e+1\leqslant k_0\leqslant n-1$且$B_{k_0}$中存在运输时间小于$q(B_n)$的工件的最大正整数，所以$k_0\geqslant 2$且在时间区间$(S_{k_0}, S_n)$开工的所有批都是满批，而且这些批中的所有工件和$J(B_n)$运输时间不小于$q(B_n)$，到达时间晚于$S_{k_0}$。因此，$L_{opt}\geqslant S_{k_0}+n-k_0+q(B_n)$。注意，$L_{on}=S_{k_0}+n-k_0+1+q(B_n)$，我们有$L_{on}-L_{opt}\leqslant 1$。

如果 $k_0 \geqslant 3$，那么 $S_{k_0} \geqslant 1 + 2\alpha$。因此，我们可得 $L_{on}/L_{opt} \leqslant [S_{k_0} + n - k_0 + 1 + q(B_n)] / [S_{k_0} + n - k_0 + q(B_n)] \leqslant 1 + 1/(2\alpha + 2) = 1 + \alpha$，就与假设 $L_{on}/L_{opt} > 1 + \alpha$ 相矛盾。

如果 $k_0 = 2$，那么 $e = 1$，$n \geqslant 3$ 且 $S_{k_0} \geqslant 2\alpha$。由于此时 B_1 是非满批且未被中断，根据算法 AL（$b = 2$）的步骤 3.1，在 S_1 之后开工的批中的所有工件在时刻 $S_1 + \alpha$ 之后到达。因此，$L_{opt} \geqslant S_1 + \alpha + 2 \geqslant 2 + 2\alpha$。故（$L_{on} - L_{opt}$）$/L_{opt} \leqslant 1/(2\alpha + 2) = \alpha$，就与假设 $L_{on}/L_{opt} > 1 + \alpha$ 相矛盾。

根据以上的分析我们得到算法 AL（$b = 2$）的竞争比不大于 $1 + \alpha$。根据定理 5.1 可知，算法 AL（$b = 2$）是竞争比为 $1 + \alpha$ 的最好可能的在线算法。定理得证。

5.4 批容量大于 2 时问题的下界

令 β 是方程 $x(1+x)^2 = 1$ 的正根，这里我们讨论批容量 $b \geqslant 3$ 的问题。

定理 5.3 对于问题 $1 | \text{online}, r_j, p_j = 1, q_j, p\text{-batch}, 3 \leqslant b < +\infty, L\text{-restart} | L_{\max}$，不存在竞争比小于 $1 + \beta$ 的在线算法。

证明： 当 $b \geqslant 3$ 时，由第 3 章定理 3.3 可知排序问题 $1 | \text{online}, r_j, p_j = 1, p\text{-batch}, 3 \leqslant b < +\infty, L\text{-restart} | C_{\max}$ 不存在竞争比小于 $1 + \beta$ 的在线算法。而 $1 | \text{online}, r_j, p_j = 1, p\text{-batch}, 3 \leqslant b < +\infty, L\text{-restart} | C_{\max}$ 是 $1 | \text{online}, r_j, p_j = 1, q_j, p\text{-batch}, 3 \leqslant b < +\infty, L\text{-restart} | L_{\max}$ 的特殊情形，所以问题 $1 | \text{online}, r_j, p_j = 1, q_j, p\text{-batch}, 3 \leqslant b < +\infty, L\text{-restart} | L_{\max}$ 不存在竞争比小于 $1 + \beta$ 的在线算法。

5.5 批容量大于 2 时的在线算法及竞争比分析

算法 AL（$b \geqslant 3$）有 5 个步骤。

令 $k=0$。

步骤 1：在时刻 t，进行步骤 2 至步骤 5。

步骤 2：如果 $k=0$，$t \geq \beta$ 并且 $U(t) \neq \varnothing$，那么在 $U(t)$ 中选取运输时间最大的 $\min\{b, |U(t)|\}$ 个工件作为 B_{k+1} 在时刻 t 开始加工，同时令 $k=k+1$。

步骤 3：如果 $k \geq 1$，机器是空闲的并且 $U(t) \neq \varnothing$，那么在 $U(t)$ 中选取运输时间最大的 $\min\{b, |U(t)|\}$ 个工件作为 B_{k+1} 在时刻 t 开始加工，同时令 $k=k+1$。

步骤 4：如果机器正在加工批 B_k（$k \in \{1, 2\}$），$U(t) \neq \varnothing$，$S_1 < \frac{1}{\beta}-1$ 且 S_k 之前开工的批都没有被中断过，进行步骤 4.1 至步骤 4.3。

步骤 4.1：如果 $k=1$，B_k 是不满的，$t=(1+\beta)S_k+\beta$ 且 $|B_k|+|U(t)| \leq b$，那么令 q' 是 $U(t)$ 中工件的最大运输时间。如果满足 $q' \geq q(B_1)$，或者满足 $q' \geq \beta$，或者满足 $q' < \beta$ 且 $q(B_1) < 1-\beta$，那么执行算法 Restart(k, t)。

步骤 4.2：如果 $k=1$，B_k 是满批，$t=S_k+\beta$，$U(t)$ 中工件的最大运输时间不小于 $\beta^2+\beta$，且 B_1 中存在某个工件的运输时间小于 $U(t)$ 中工件的最大运输时间，那么执行算法 Restart(k, t)。

步骤 4.3：如果 $k=2$，B_k 是不满的，$t=S_k+\beta$，$|B_k|+|U(t)| \leq b$ 且满足 B_1 是满批，或者满足 B_1 是不满批且在时间区间 $[0, (1+\beta)S_1+\beta]$ 到达的工件的数目不超过 b，那么执行算法 Restart(k, t)。

步骤 5：否则，等待新工件到来时或机器有空闲时回到步骤 1。

我们举例来说明一下算法的运行。

例 5.3 我们考虑 $b=3$ 的情况。在时刻 0，工件 J_1，J_2 到达，相应的运输时间分别是 $q_1=1$，$q_2=2$。按照算法的步骤 2，在时刻 $t=\beta$ 加工第一个批，所以 $B_1=\{J_1, J_2\}$，$S_1=\beta$。注意，此时 $S_1=\beta < \frac{1}{\beta}-1$。在时刻 0.5，工件 $\{J_3, J_4\}$ 到达，且运输时间满足 $q_3=1.5$，$q_4=0.8$。按照算法的步骤 4.1，由于 $0.5 < (1+\beta)S_1+\beta$ 并且 $q_3 > \beta$，则在时刻 $t=(1+\beta)S_1+\beta$ 中断 B_1

的加工并且选择$B_1 \cup U(t) = \{J_1, J_2, J_3, J_4\}$ 中运输时间最大的 3 个工件作为新的加工批，所以 $B_2 = \{J_1, J_2, J_3\}$，$S_2 = (1+\beta) S_1 + \beta = \beta^2 + 2\beta$。最后在时刻 $t = S_2 + 1$ 开始加工第三个批，所以 $B_3 = \{J_4\}$，$S_3 = S_2 + 1 = \beta^2 + 2\beta + 1$。而目标函数 $L_{\max} = \max\limits_{1 \leqslant j \leqslant 4} \{L_j\} = \beta^2 + 2\beta + 3$。算法 AL（$b \geqslant 3$）的运行实例见图 5.2。

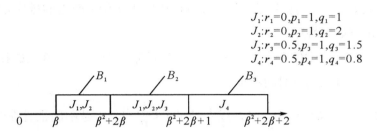

$$J_1: r_1 = 0, p_1 = 1, q_1 = 1$$
$$J_2: r_2 = 0, p_2 = 1, q_2 = 2$$
$$J_3: r_3 = 0.5, p_3 = 1, q_3 = 1.5$$
$$J_4: r_4 = 0.5, p_4 = 1, q_4 = 0.8$$

图 5.2　算法 AL（$b \geqslant 3$）的运行实例

例 5.4　我们讨论 $b = 4$ 的情况。在时刻 0.5，工件 J_1，J_2，J_3，J_4 到达，且运输时间分别是 $q_1 = 1$，$q_2 = 1$，$q_3 = 2$，$q_4 = 0.5$。由于 $0.5 > \beta$，按照算法的步骤 2，在时刻 $t = 0.5$ 开始加工第一个批，所以 $B_1 = \{J_1, J_2, J_3, J_4\}$，$S_1 = 0.5$。在时刻 0.8，工件 J_5 到达，且 J_5 的运输时间满足 $q_5 = 2$。由于 B_1 是满的且 $0.8 < S_1 + \beta$，$q_5 > \beta^2 + \beta$ 且 $q_5 > q_4$，按照算法的步骤 4.2，则在时刻 $t = S_1 + \beta$ 中断 B_1 的加工并且将 $\{J_1, J_2, J_3, J_5\}$ 作为新的加工批，所以限制批 $B_2 = \{J_1, J_2, J_3, J_5\}$，$S_2 = S_1 + \beta = 0.5 + \beta$。之后在时刻 $t = S_2 + 1 = 1.5 + \beta$ 开始加工第三个批，所以 $B_3 = \{J_4\}$，$S_3 = S_2 + 1 = 1.5 + \beta$。而目标函数 $L_{\max} = \max\limits_{1 \leqslant j \leqslant 5} \{L_j\} = \beta + 3.5$。

例 5.5　我们考虑 $b = 5$ 的情况。在时刻 0.2，工件 J_1、J_2 到达，相应的运输时间分别是 $q_1 = 1$，$q_2 = 1.5$。按照算法的步骤 2，在时刻 $t = \beta$ 开始加工第一个批，所以 $B_1 = \{J_1, J_2\}$，$S_1 = \beta$。注意此时 $S_1 = \beta < \dfrac{1}{\beta} - 1$。在时刻 0.6，工件 $\{J_3\}$ 到达，且运输时间满足 $q_3 = 0.3$。由于此时 $q_3 < \beta$，$q(B_1) = 1.5 > 1 - \beta$ 且 $q_3 < q(B_1)$，不符合算法的步骤 4.1 中重启的条件，则在时刻 $t = S_1 + 1$ 开始加工第二个批，所以 $B_2 = \{J_3\}$，$S_2 = S_1 + 1 = 1 + \beta$。在时刻 1.6，

工件 $\{J_4\}$ 到达，且运输时间满足 $q_4=1$。由于 $1.6<S_2+\beta$，且 $|B_2|+$ $|U(t)|=2<b$，同时 B_1 是不满批且在时间区间 $[0,(1+\beta)S_1+\beta]$ 到达的工件的数目为 3 不超过 b，根据算法的步骤 4.3，所以在时刻 $t=S_2+\beta$ 中断 B_2 的加工并且开始加工新的批，故 $B_3=\{J_3,J_4\}$，$S_3=S_2+\beta=1+2\beta$。而目标函数 $L_{\max}=\overset{\max}{_{1\leqslant j\leqslant 5}}\{L_j\}=2\beta+3$。

观察 5.2 我们将算法 AL $(b\geqslant 3)$ 作用于实例 I 产生的排序记为 σ。那么，σ 有如下特点：

（1）实例 I 中任意一个工件的到达时间都大于等于 $S_1-\beta$。如果 $S_1>\beta$，那么所有工件的到达时间不早于 S_1。

（2）如果满足 $S_1\geqslant\dfrac{1}{\beta}-1$，或者满足 $S_1<\dfrac{1}{\beta}-1$，B_1 是不满批且在时间区间 $[0,(1+\beta)S_1+\beta]$ 到达的工件数目超过 b，那么 σ 中没有被中断的批。

（3）如果 $k\geqslant 3$，那么 $S_k\geqslant 2\beta+1$。

（4）如果 $S_1<\dfrac{1}{\beta}-1$，那么 $(1+\beta)S_1+\beta<S_1+1$。

定理 5.4 对于问题 $1\mid online,r_j,p_j=1,q_j,p\text{-}batch,3\leqslant b<+\infty,L\text{-}$ restart $\mid L_{\max}$，算法 AL $(b\geqslant 3)$ 是一个竞争比为 $1+\beta$ 的最好可能的在线算法。

证明： 我们使用反证法来证明。假设存在实例 I 满足 $L_{on}/L_{opt}>1+\beta$。

我们令 σ 是算法 AL $(b\geqslant 3)$ 作用于实例 I 产生的排序，π 是对实例 I 的最优离线排序。我们令 B_n 是 σ 中满足 $L_{on}=S_n+1+q(B_n)$ 的最早开工的且未被中断的批。因为 $S_1\leqslant\max\{r(B_1),\beta\}$，所以假设 $L_{on}/L_{opt}>1+\beta$ 意味着 $n\geqslant 2$。

我们令 $C_{on}=S_n+1$，即 C_{on} 是 B_n 在平行批处理机上的完工时间，同时令 t 是 σ 中最早的满足 $[t,C_{on}]$ 上机器没有空闲且在 $[t,C_{on}]$ 加工的批都没有被中断的时刻。假设在排序 σ 中有 h 个批 $B_{n-h+1},\cdots,B_n$ 在时间区间 $[t,C_{on}]$ 加工，那么 $C_{on}=t+h$。

我们令 $n'=n-h+1$，则 $S_{n'}=t$。

断言一 B_n 没有中断 B_{n-1} 且 $h\geqslant 2$。

反之，假设 B_n 中断了 B_{n-1}。根据算法 AL（$b \geq 3$），我们有 $n=2$, 3 和 $S_1 < \frac{1}{\beta}-1$，或者说，$(1+\beta)S_1+\beta < S_1+1$。我们令 q'' 是在时间区间 $(S_{n-1}, S_n]$ 到达的工件的最大运输时间，J'' 是运输时间为 q'' 且在时间区间 $(S_{n-1}, S_n]$ 最晚到达的工件，r'' 是工件 J'' 的到达时间，那么就有 $q(B_n) = \max\{q'', q(B_{n-1})\}$。

如果 $q'' \geq q(B_{n-1})$，那么 $q(B_n) = q''$，$L_{opt} \geq S_{n-1}+1+q''$，$L_{on} = S_n+1+q'' \leq (1+\beta)S_{n-1}+\beta+1+q''$，从而有 $L_{on}/L_{opt} \leq 1+\beta$，与假设 $L_{on}/L_{opt} > 1+\beta$ 相矛盾。

接下来，我们假设有 $q'' < q(B_{n-1})$，或者说，$q(B_n) = q(B_{n-1})$。那么，$L_{on} = S_n+1+q(B_{n-1})$。如果在最优离线排序 π 中仅有一批，或者 $J(B_{n-1})$ 和 J'' 在同一批中，或者包含工件 $J(B_{n-1})$ 的批开工时间晚于包含 J'' 的批的开工时间，那么就有 $L_{opt} \geq S_{n-1}+1+q(B_{n-1})$。同时考虑到 $L_{on} = S_n+1+q(B_{n-1}) \leq (1+\beta)S_{n-1}+\beta+1+q(B_{n-1})$，因此 $L_{on}/L_{opt} \leq 1+\beta$，与假设 $L_{on}/L_{opt} > 1+\beta$ 相矛盾。

接下来，我们假设在 π 中至少有两批，$J(B_{n-1})$ 和 J'' 在两个不同的批且包含 $J(B_{n-1})$ 的批开工时间早于包含 J'' 的批的开工时间。因此，我们有 $L_{opt} \geq \max\{r(B_{n-1})+1+q(B_{n-1}), r(B_{n-1})+2+q''\} \geq S_1-\beta+2+q''$。

如果 $n=2$ 且 B_1 是满批，那么 $q'' < q(B_1)$，$S_2 = S_1+\beta$ 且 $L_{on} = S_1+\beta+1+q(B_1)$。根据观察 5.2，我们有 $L_{opt} \geq S_1-\beta+1+q(B_1)$。因为 $L_{opt} \geq 2$，所以 $(L_{on}-L_{opt})/L_{opt} \leq (2\beta)/2 = \beta$，与假设 $L_{on}/L_{opt} > 1+\beta$ 相矛盾。

如果 $n=2$ 且 B_1 不是满批，那么 $L_{on} = (1+\beta)S_1+\beta+1+q(B_1)$。如果 $q(B_1) < 1-\beta$，那么 $L_{on} \leq (1+\beta)S_1+2$。考虑到 $L_{opt} \geq S_1-\beta+2$，因此我们可得 $L_{on}/L_{opt} \leq [(1+\beta)S_1+2]/(S_1-\beta+2) < 1+\beta$，与假设 $L_{on}/L_{opt} > 1+\beta$ 相矛盾。故我们有 $q(B_1) \geq 1-\beta$。由于 B_2 中断了 B_1，考虑到 $q'' < q(B_1)$ 和 $q(B_1) \geq 1-\beta$，根据算法 AL（$b \geq 3$）的步骤 4.1 可知，唯一的可能是 $q'' \geq \beta$。因此，$L_{opt} \geq S_1-\beta+2+q'' \geq S_1+2$。从而 $L_{on}/L_{opt} \leq [(1+\beta)S_1+\beta+1+q(B_1)]/\max\{S_1+2, S_1-\beta+1+q(B_1)\} \leq 1+[\beta(S_1+2)]/(S_1+2) = 1+\beta$，与假设 $L_{on}/L_{opt} > 1+\beta$ 相矛盾。

如果 $n=3$，那么 $S_3 = S_2+\beta$，$L_{on} = S_2+\beta+1+q(B_2)$。同时，我们注意到

此时B_2一定没有中断B_1，从而有$S_2 \geqslant S_1+1$。我们还注意到，$q'' < q(B_{n-1})$且在π中包含工件$J(B_{n-1}) = J(B_2)$的批开工时间早于包含J''的批的开工时间。

如果$r(B_2) \leqslant S_1$，那么$S_2 = S_1+1$，$L_{on} = S_1+\beta+2+q(B_2)$，$B_1$是满批且$B_1$中每个工件的运输时间不小于$q(B_2)$，从而有$L_{opt} \geqslant S_1-\beta+2+q(B_2)$。因此，$L_{on}/L_{opt} \leqslant [S_1+\beta+2+q(B_2)] / [S_1-\beta+2+q(B_2)] \leqslant 1+\beta$，与假设$L_{on}/L_{opt} > 1+\beta$相矛盾。

如果$r(B_2) \geqslant S_2$，那么$L_{opt} \geqslant S_2+1+q(B_2)$。因此，$L_{on}/L_{opt} \leqslant [S_2+\beta+1+q(B_2)] / [S_2+1+q(B_2)] < 1+\beta$，与假设$L_{on}/L_{opt} > 1+\beta$相矛盾。

注意，$(1+\beta)S_1+\beta < S_1+1$。如果$(1+\beta)S_1+\beta \leqslant r(B_2) < S_2$，那么$S_2 = S_1+1$，$L_{on} = S_1+\beta+2+q(B_2)$且$L_{opt} \geqslant (1+\beta)S_1+\beta+1+q(B_2)$。因此

$$L_{on}/L_{opt} \leqslant [S_1+\beta+2+q(B_2)] / [(1+\beta)S_1+\beta+1+q(B_2)]$$
$$\leqslant [2\beta+2+q(B_2)] / [(1+\beta)\beta+\beta+1+q(B_2)]$$
$$< 1+\beta$$

这就与假设$L_{on}/L_{opt} > 1+\beta$相矛盾。

接下来，我们假设$S_1 < r(B_2) < (1+\beta)S_1+\beta$。那么，$S_2 = S_1+1$，$L_{on} = S_1+\beta+2+q(B_2)$且$L_{opt} \geqslant r(B_2)+2 > S_1+2$。如果$q(B_2) \leqslant \beta+\beta^2$，那么$L_{on}/L_{opt} \leqslant (S_1+\beta+2+\beta+\beta^2) / (S_1+2) \leqslant 1+\beta$，与假设$L_{on}/L_{opt} > 1+\beta$相矛盾。如果$q(B_2) > \beta+\beta^2$，注意，$B_2$没有中断$B_1$，而$B_3$中断了$B_2$。根据算法AL（$b \geqslant 3$）的步骤4.3可知，$B_1$是满批。如果$B_1$中每个工件的运输时间不小于$q(B_2)$，那么$L_{opt} \geqslant S_1-\beta+2+q(B_2)$，从而有$L_{on}/L_{opt} \leqslant [S_1+\beta+2+q(B_2)] / [S_1-\beta+2+q(B_2)] \leqslant 1+\beta$，与假设$L_{on}/L_{opt} > 1+\beta$相矛盾。于是，$B_1$中存在运输时间小于$q(B_2)$的工件。因为$B_1$是满批，$q(B_2) > \beta+\beta^2$，$B_1$中存在运输时间小于$q(B_2)$的工件且$B_2$没有中断$B_1$，所以根据算法AL（$b \geqslant 3$）的步骤4.2可得$r(B_2) > S_1+\beta$。考虑到$L_{opt} \geqslant \max\{r(B_{n-1})+1+q(B_{n-1}), r(B_{n-1})+2+q''\}$，所以$L_{opt} \geqslant \max\{S_1+\beta+1+q(B_2), S_1+\beta+2\}$。因此

$$L_{on}/L_{opt} \leqslant [S_1+\beta+2+q(B_2)] / \max\{S_1+\beta+1+q(B_2), S_1+\beta+2\}$$
$$\leqslant 1+\frac{1}{2\beta+2}$$

$<1+\beta$

这就与假设 $L_{on}/L_{opt}>1+\beta$ 相矛盾。

以上的分析意味着我们的假设 B_n 中断了 B_{n-1} 是错误的,所以 B_n 没有中断 B_{n-1}。注意,$n \geq 2$。如果 $h=1$,那么 $S_n>S_{n-1}+1$。根据算法 AL($b \geq 3$)的步骤 3,我们有 $S_n=r(B_n)$。因此,$L_{on}=S_n+1+q(B_n)=r(B_n)+1+q(B_n) \leq L_{opt}$,与假设 $L_{on}/L_{opt}>1+\beta$ 相矛盾。故 $h \geq 2$。综上所述,断言一成立。

断言二 在这 $h-1$ 个批 $B_{n'}$,$\cdots$,B_{n-1} 中存在非满批。

反之,这 $h-1$ 个批 $B_{n'}$,$\cdots$,B_{n-1} 都是满批。

如果 $B_{n'}$,$\cdots$,B_{n-1} 中工件的运输时间都不小于 $q(B_n)$,且 $B_{n'}$ 中断了 $B_{n'-1}$,那么 $n'=2,3$。如果 $n'=2$ 且 B_1 是满批,那么 $L_{on}=S_{n'}+h+q(B_n)=S_1+\beta+h+q(B_n)$ 并且 $L_{opt} \geq S_1-\beta+h+q(B_n)$。同时,我们考虑到 $h \geq 2$ 和 $S_1 \geq \beta$,则有 $L_{on}/L_{opt} \leq [S_1+\beta+2+q(B_n)]/[S_1-\beta+2+q(B_n)] \leq 1+\beta$,与假设 $L_{on}/L_{opt}>1+\beta$ 相矛盾。如果 $n'=2$ 且 B_1 不是满批或者 $n'=3$,那么 $B_{n'-1}$ 是不满批且在 $S_{n'}$ 之后开工的批中的工件都在时刻 $S_{n'}$ 之后到达。因此,$L_{opt} \geq S_{n'}+h-1+q(B_n)$,$S_{n'} \geq \min \{(1+\beta)S_1+\beta, S_1+1+\beta\} \geq \min \{(1+\beta)^2-1, 1+2\beta\} = (1+\beta)^2-1$。于是,$L_{on}/L_{opt} \leq [S_{n'}+h+q(B_n)]/[S_{n'}+h-1+q(B_n)] \leq 1+1/(1+\beta)^2=1+\beta$,与假设 $L_{on}/L_{opt}>1+\beta$ 相矛盾。

如果 $B_{n'}$,$\cdots$,B_{n-1} 中工件的运输时间都不小于 $q(B_n)$,同时满足 $n'=1$ 或者 $n' \geq 2$ 且 $B_{n'}$ 未中断 $B_{n'-1}$,那么 $B_{n'}$,$\cdots$,B_n 中任意工件的到达时间不早于 $S_{n'}-\beta$。因此,$L_{opt} \geq S_{n'}-\beta+h+q(B_n)$,从而有 $L_{on}/L_{opt} \leq$

$$\frac{S_{n'}+h+q(B_n)}{S_{n'}-\beta+h+q(B_n)} \leq 1+\beta$$

与假设 $L_{on}/L_{opt}>1+\beta$ 相矛盾。

接下来,我们假设 $B_{n'}$,$\cdots$,B_{n-1} 中存在某个工件的运输时间小于 $q(B_n)$。我们令 B_k 是 $B_{n'}$,$\cdots$,B_{n-1} 中存在运输时间小于 $q(B_n)$ 的工件的批中开工最晚的批。那么,在时间区间 (S_k, S_n) 开工的所有批中的所有工件和工件 $J(B_n)$ 运输时间都不小于 $q(B_n)$,从而这些工件都在 S_k 之后到达。因此,$L_{opt} \geq S_k+n-k+q(B_n)$,$L_{on}=S_k+n-k+1+q(B_n)$ 且 $L_{on}-L_{opt} \leq 1$。

如果 $k \geqslant 3$ 或者 $k=2$ 且 $n \geqslant 4$，那么 $L_{opt} \geqslant S_k+n-k \geqslant 2+2\beta$，相应地，我们有 $(L_{on}-L_{opt})/L_{opt} \leqslant 1/(2+2\beta) < \beta$，与假设 $L_{on}/L_{opt} > 1+\beta$ 相矛盾。

如果 $k=2$，$n=3$ 并满足 B_1 是不满批，或者 B_1 是满批且 B_2 没有中断 B_1，那么 $S_2 \geqslant \min \{(1+\beta)S_1+\beta, S_1+1\} \geqslant (1+\beta)^2-1$。因此，$(L_{on}-L_{opt})/L_{opt} \leqslant 1/(1+\beta)^2 = \beta$，与假设 $L_{on}/L_{opt} > 1+\beta$ 相矛盾。

如果 $k=2$，$n=3$，B_1 是满批且 B_2 中断了 B_1，那么存在某个运输时间不小于 $\beta^2+\beta$ 的工件在时刻 S_1 之后到达，从而可得到 $L_{opt} \geqslant S_1+1+\beta^2+\beta \geqslant (1+\beta)^2$。因此，$(L_{on}-L_{opt})/L_{opt} \leqslant 1/(1+\beta)^2 = \beta$，与假设 $L_{on}/L_{opt} > 1+\beta$ 相矛盾。

如果 $k=1$ 且 $n \geqslant 3$，则 $L_{opt} \geqslant S_k+n-k \geqslant 2+\beta$。故 $(L_{on}-L_{opt})/L_{opt} \leqslant 1/(2+\beta) < \beta$，与假设 $L_{on}/L_{opt} > 1+\beta$ 相矛盾。

如果 $k=1$ 且 $n=2$，那么在 π 中至少有两批，同时此时 $r(B_2) > S_1$。如果 $J(B_n)=J(B_2)$ 在 π 中排在第一个批加工，那么 $L_{opt} \geqslant \max \{S_1+1+q(B_2), S_1+2\} \geqslant 2+\beta$。因此，$(L_{on}-L_{opt})/L_{opt} \leqslant 1/(2+\beta) < \beta$，与假设 $L_{on}/L_{opt} > 1+\beta$ 相矛盾。如果 $J(B_n)=J(B_2)$ 在 π 中排在第一个批之后加工，那么 $L_{opt} \geqslant S_1-\beta+2+q(B_2)$，因此 $L_{on}/L_{opt} \leqslant [S_1+2+q(B_2)]/[S_1-\beta+2+q(B_2)] \leqslant 1+\beta$，与假设 $L_{on}/L_{opt} > 1+\beta$ 相矛盾。综上所述，断言二成立。

我们令 e 是满足 $e \leqslant n-1$ 且 B_e 是非满批的最大正整数，由断言二可得 $e \geqslant n'$。

断言三 $e \leqslant n-2$。

反之，假设 $e=n-1$。由于 B_e 是非满批，因此 $r(B_n) > S_e$，$L_{on}=S_e+2+q(B_n)$ 且 $L_{opt} \geqslant r(B_n)+1+q(B_n) > S_e+1+q(B_n)$。

如果 $e \geqslant 2$，考虑到 B_e 是非满批，因此 $S_e \geqslant \min [(1+\beta)S_1+\beta, S_1+1] \geqslant (1+\beta)^2-1$。故 $L_{on}/L_{opt} \leqslant [S_e+2+q(B_n)]/[S_e+1+q(B_n)] \leqslant 1+1/(1+\beta)^2 = 1+\beta$，与假设 $L_{on}/L_{opt} > 1+\beta$ 相矛盾。

如果 $e=1$，那么 $n=2$，$r(B_2) > S_1$，$L_{on}=S_1+2+q(B_2)$ 且 $L_{opt} > S_1+1+q(B_2)$。如果 $S_1 \geqslant \dfrac{1}{\beta}-1$，那么 $L_{on}/L_{opt} \leqslant [S_1+2+q(B_2)]/[S_1+1+$

q（B_2）］$\leq 1+1/$（$\dfrac{1}{\beta}$）$=1+\beta$，与假设$L_{on}/L_{opt}>1+\beta$相矛盾。从而我们有

$S_1<\dfrac{1}{\beta}-1$。如果r（B_2）$\geq$（$1+\beta$）$S_1+\beta$，那么$L_{opt}\geq r$（B_2）$+1+q$（B_2）$\geq$

（$1+\beta$）^{2}。因此，$L_{on}/L_{opt}\leq 1+1/(1+\beta)^2=1+\beta$，与假设$L_{on}/L_{opt}>1+\beta$相矛盾，

所以我们有r（B_2）<（$1+\beta$）$S_1+\beta$。

如果在最优离线排序π中仅有一批，那么$|B_2|+|B_1|\leq b$且$L_{opt}>S_1+1+$

q（B_1）。同时，考虑到B_2没有中断B_1，所以q（B_1）$\geq 1-\beta$且q（B_2）<β。

因此，$L_{opt}>S_1+1+q$（B_1）$\geq S_1+2-\beta$。故$L_{on}/L_{opt}\leq$［S_1+2+q（B_2）］$/$［S_1+

$1+q$（B_1）］$\leq$（$S_1+2+\beta$）$/$（$S_1+2-\beta$）$\leq 1+\beta$，与假设$L_{on}/L_{opt}>1+\beta$相矛

盾。于是，在π中至少有两批。

如果J（B_n）$=J$（B_2）在π中于第一个批加工，那么$L_{opt}\geq \max$

$\{S_1+2,\ S_1+1+q$（B_2）$\}\geq 2+\beta$，因此$L_{on}/L_{opt}\leq 1+1/$（$2+\beta$）<$1+\beta$，与假

设$L_{on}/L_{opt}>1+\beta$相矛盾。如果J（B_n）$=J$（B_2）在π中在第一个批之后加

工，那么$L_{opt}\geq S_1-\beta+2+q$（$B_2$）。因此，$L_{on}/L_{opt}\leq$［$S_1+2+q$（$B_2$）］$/$［$S_1-$

$\beta+2+q$（B_2）］$\leq 1+\beta$，与假设$L_{on}/L_{opt}>1+\beta$相矛盾。综上所述，断言三

成立。

根据B_e的定义和断言三可知，$n-e\geq 2$，B_{e+1}，…，B_{n-1}都是满批且在S_e

之后开工的批中的工件到达时间都晚于S_e。注意，$L_{on}=S_e+n-e+1+q$（B_n）。

如果B_{e+1}，…，B_{n-1}中的每个工件运输时间都不小于q（B_n），那么

$L_{opt}\geq S_e+n-e+q$（B_n）$\geq 2+\beta$。因此$L_{on}/L_{opt}\leq$［$S_e+n-e+1+q$（B_n）］$/$［S_e+

$n-e+q$（B_n）］$\leq 1+1/$（$\beta+2$）<$1+\beta$，与假设$L_{on}/L_{opt}>1+\beta$相矛盾。从而

可知，B_{e+1}，…，B_{n-1}中的某个工件运输时间小于q（B_n）。

我们令k_0是满足$e+1\leq k_0\leq n-1$，且在B_{k_0}中存在运输时间小于q（B_n）

的工件的最大正整数，那么$k_0\geq 2$同时在时间区间（S_{k_0}，S_n）开工的批都

是满批，且在时间区间（S_{k_0}，S_n）开工的批中的每个工件以及工件J（B_n）

的运输时间都不小于q（B_n），而到达时间都晚于S_{k_0}。因此，$L_{opt}\geq S_{k_0}+n-$

k_0+q（B_n）。注意，$L_{on}=S_{k_0}+n-k_0+1+q$（B_n）。因为$k_0\geq e+1$，所以$S_{k_0}\geq S_e+$

$1\geq 1+\beta$。因此

$$L_{on}/L_{opt} \leqslant [S_{k_0}+n-k_0+1+q(B_n)] \big/ [S_{k_0}+n-k_0+q(B_n)]$$

$$\leqslant 1+\frac{1}{\beta+2}$$

$$<1+\beta$$

这就与假设$L_{on}/L_{opt}>1+\beta$相矛盾。

从以上分析可知，我们的假设存在实例I满足$L_{on}/L_{opt}>1+\beta$是错误的。因此，算法 AL（$b \geqslant 3$）的竞争比不超过$1+\beta$。结合定理 5.3 可知，算法 AL（$b \geqslant 3$）是竞争比为$1+\beta$的最好可能的在线算法。定理证毕。

参考文献

［1］P BRUCKER. Scheduling Algorithms ［M］. Berlin：Springer, 2001.

［2］M PINEDO. Scheduling：Theory, Algorithms and Systems ［M］. Upper Saddle River：Prentice-Hall, 2002.

［3］唐恒永, 赵川立. 排序引论 ［M］. 北京：科学出版社, 2002.

［4］唐国春, 张峰, 罗守成, 等. 现代排序论 ［M］. 上海：上海科学普及出版社, 2003.

［5］M R GAREY, D S JOHNSON. Computers and Intractability：A Guide to the theory of NP – Completeness ［M］. San Francisco：Freeman, 1979.

［6］W E SMITH. Various optimizers for single stage production ［J］. Naval Research Logistics Quarterly, 1956（3）：59-66.

［7］J R JACKSON. Scheduling a production line to minimize maximum tardiness ［D］. Los Angeles：University of California, 1955.

［8］H KISE, T IBARAKI, H MINE. Performance analysis of six approximation al-gorithms for the one-machine maximum lateness scheduling problem with readytimes ［J］. Journal of the Operations Research Society of Japan, 1979, 22（3）：205-224.

［9］E L LAWLER, J K LENSTRA, A H G RINNOOY KAN, et al. Sequencing and scheduling：Algorithms and complexity ［J］. Handbooks of Operation Research Management Science, North – Holland, Amsterdam, 1993（4）：445-522.

［10］L A HALL, D B SHMOYS. Approximation algorithms for constrained scheduling problems ［C］//Proceedings of the 30th IEEE Symposium on Foundations of Computer Science, IEEE Computer Society Press, 1989: 134－139.

［11］L A HALL, D B SHMOYS. Jackson's rule for single－machine scheduling: Making a good heuristic better ［J］. Mathematics of Operations Research, 1992, 17 (1): 22－35.

［12］M MASTROLILLI. Efficient approximation schemes for scheduling problems with release dates and delivery times ［J］. Journal of Scheduling, 2003, 6: 521－531.

［13］Y C CHANG, C Y LEE. Machine scheduling with job delivery coordination ［J］. European Journal of Operational Research, 2004, 158 (2): 470－487.

［14］W Y ZHONG, G DOŚA, Z Y TAN. On the machine scheduling problem with job delivery coordination ［J］. European Journal of Operational Research, 2007, 182 (3): 1057－1072.

［15］B CHEN, A P A VESTJENS. Scheduling on identical machines: How good is LPT in an on－line setting? ［J］. Operations Research Letters, 1997, 21 (4): 165－169.

［16］J NOGA, S S SEIDEN. An optimal online algorithm for scheduling two machines with release times ［J］. Theoretical Computer Science, 2001, 268: 133－143.

［17］J A HOOGEVEEN, A P A VESTJENS. Optimal on－line algorithms for single－machine scheduling ［C］//Proceedings Fifth International Conference on Integer Programming and Combinatorial Optimization, Vancouver, British Columbia, Canada, June 3－5, 1996, Lecture Notes in Computer Science, Springer, Berlin, 1996: 404－414.

［18］C PHILLIPS, C STEIN, J WEIN. Scheduling jobs that arrive over time [C]. Proceedings of the 4th workshop on algorithms and data structures, 1995: 86-97.

[19] X LU, R A SITTERS, L STOUGIE. A class of on-line algorithms to minimize total completion time [J]. Operation Research Letters, 2003, 31 (3): 232-236.

[20] E J ANDESON, C N POTTS. On-line scheduling of a single machine to minimize total weighted completion time [J]. Mathematics of Operations Research, 2004, 29 (3): 686-697.

[21] A VESTJENS. On-line machine scheduling [D]. Ph. D. Dissertation, Department of Mathematics and Computing Science, The Netherlands: Eindhoven University of Technology, 1997.

[22] L A HALL, A S SCHUL Z, D B SHMOYS. Scheduling to minimize average completion time: Off-line and on-line algorithms [J]. Mathematics of Operations Research, 1997, 22: 513-544.

[23] P H LIU, X W LU. On-line scheduling of parallel machines to minimize total completion times [J]. Computers and Operations Research, 2009, 36 (9): 2647-2652.

[24] J A HOOGEVEEN, A P A VESTJENS. A best possible deterministic on-line algorithm for minimizing maximum delivery time on a single machine [J]. SIAM Journal on Discrete Mathematics, 2000, 13: 56-63.

[25] J TIAN, R Y FU, J J YUAN. A best on-line algorithm for single machine scheduling with small delivery times [J]. Theoretical Computer Science, 2008, 393: 287-293.

[26] P H LIU, X LU. Online scheduling on two parallel machines with release times and delivery times [J]. Journal of Combinatorial Optimization, 2015, 30 (2): 347-359.

[27] R MA, J P TAO. An improved 2. 11-competitive algorithm for on-line scheduling on parallel machines to minimize total weighted completion time

[J]. Journal of Industrial & Management Optimization, 2018, 14 (2): 497-510.

[28] Z G CAO, Y Z ZHANG. Scheduling with rejection and non-identical job arrivals [J]. Journal of Systems Science and Complexity, 2007, 20 (4): 529-535.

[29] R MA, J J YUAN. Online scheduling on a single machine with rejection under an agreeable condition to minimize the total completion time plus the total rejection cost [J]. Information Processing Letters, 2013, 113 (17): 593-598.

[30] R MA, J J YUAN. Online scheduling to minimize the total weighted completion time plus the rejection cost [J]. Journal of Combinatorial Optimization, 2017, 34: 483-503.

[31] R L GRAHAM. Bounds for certain multiprocessing anomalies [J]. Bell System Technical Journal, 1966, 45 (9): 1563-1581.

[32] U FAIGLE, W KERN, GY TURáN. On the performance of online algorithms for particular problems [J]. Acta Cybernetica, 1989 (9): 107-119.

[33] B CHEN, A VAN VLIET, G J WOEGINGER, et al. New lower and upper bounds for on-line scheduling [J]. Operations Research Letters, 1994, 16 (4): 221-230.

[34] L EPSTEIN, J NDGA, S SEIDEN, et al. Randomized on-line scheduling on two uniform machines [J]. Journal of Scheduling, 2001, 4: 71-92.

[35] D B SHMOYS, J WEIN, D P WILLIAMSON. Scheduling parallel machines on-line [J]. SIAM Journal on Computing, 1995, 24 (6): 1313-1331.

[36] 何勇，杨启帆，谈之奕. 平行机半在线排序问题研究（Ⅰ）[J]. 高校应用数学学报 A 辑（中文版），2003（1）：105-114.

［37］何勇，杨启帆，谈之奕. 平行机半在线排序问题研究（Ⅱ）［J］. 高校应用数学学报 A 辑（中文版），2003（2）：213-222.

［38］Y HE, G C ZHANG. Semi on-line scheduling on two identical machines［J］. Computing, 1999, 62：179-187.

［39］E ANGELELLI, A NAGY, M G SPERANZA, et al. Semi on-line multiprocessor scheduling with known sum of the tasks［J］. Journal of Scheduling, 2004, 7（6）：421-428.

［40］T C E CHENG, H KELLERER, V KOTOV. Semi-on-line multiprocessor scheduling with given total processing time［J］. Theoretical Computer Science, 2005, 337：134-146.

［41］T C E CHENG, H KELLERER, V KOTOV. Algorithms better than LPT for semi-online scheduling with decreasing processing times［J］. Operations Research Letters, 2012, 40：349-352.

［42］L EPSTEIN, L M FAVRHOLDT. Optimal non-preemptive semi-online scheduling on two related machines［J］. Journal of Algorithms, 2005, 57（1）：49-73.

［43］Q CAO, Z LIU. Semi-online scheduling with bounded job sizes on two uniform machines［J］. Theoretical Computer Science, 2016, 652：1-17.

［44］Y BARTAL, S LEONARDI, A MARCHETTI-SPACCAMELA, et al. Multiprocessor scheduling with rejection［J］. SIAM Journal of Discrete Mathematics, 2000, 13（1）：64-78.

［45］Y HE, X MIN. On-line uniform machine scheduling with rejection［J］. Computing, 2000, 65（1）：1-12.

［46］G Dósa, Y HE. Preemptive and Non-preemptive On-line Algorithms for Scheduling with Rejection on Two Uniform Machines［J］. Computing, 2006, 76：149-164.

［47］C Y LEE, G L VAIRAKTARAKIS. Complexity of single machine hierarchical scheduling：a survey［M］. In：Pardalos PM, editor. Complexity in numerical optimization. Singapore: WorldScienti5c Publishing, 1993: 269-298.

[48] J A HOOGEVEEN. Single-machine scheduling to minimize a function or two or three maximum cost criteria [J]. Journal of Algorithms, 1996, 21 (2): 415-433.

[49] Z C GENG, J J YUAN. Scheduling with or without precedence relations on a serial-batch machine to minimize makespan and maximum cost [J]. Applied Mathematics and Computation, 2018, 332: 1-18.

[50] E G COFFMAN, M YANNAKAKIS, M J MAGAZINE. Batch sizing and sequencing on a single machine [J]. Annals of Operations Research, 1990, 26 (1): 135-147.

[51] S ALBERS, P BRUCKER. The complexity of one-machine batching problems [J]. Discrete Applied Mathematics, 1993, 47: 87-107.

[52] T C E CHENG, M Y KOVALYOV. Single machine batch scheduling with sequential job processing [J]. IIE Transactions, 2001, 33: 413-420.

[53] C Y LEE, R UZSOY, L A MARTIN-VEGA. Efficient algorithms for scheduling semi-conductor burn-in operations [J]. Operations Research, 1992, 40 (4): 764-775.

[54] Z H LIU, W C YU. Scheduling one batch processor subject to job release dates [J]. Discrete Applied Mathematics, 2000, 105: 129-136.

[55] P BRUCKER, A GLADKY, H HODGEVEEN. Scheduling a batching machine [J]. Journal of Scheduling, 1998, 1 (1): 31-54.

[56] X T DENG, C K POON, Y Z ZHANG. Approximation algorithms in batch processing [J]. Journal of Combinatorial Optimization, 2003, 7 (3): 247-257.

[57] G C ZHANG, X Q CAI, C K WONG. On-line algorithms for minimizing makespan on batch processing machines [J]. Naval Research Logistics, 2001, 48 (3): 241-258.

[58] C K POON, W C YU. Online scheduling algorithms for a batch ma-

chine with finite capacity [J]. Journal of Combinatorial Optimization, 2005, 9 (2): 167-186.

[59] G C ZHANG, X Q CAI, C K WONG. Optimal on-line algorithms for scheduling on parallel batch processing machines [J]. IIE Transactions, 2003, 35: 175-181.

[60] Q Q NONG, T C E CHENG, C T NG. An improved on-line algorithm for scheduling on two unrestrictive parallel-batch processing machines [J]. Operations Research Letters, 2008, 36: 584-588.

[61] J TIAN, R Y FU, J J YUAN. A best online algorithm for scheduling on two parallel batch machines [J]. Theoretical Computer Science, 2009, 410: 2291-2294.

[62] P H LIU, X W LU, Y FANG. A best possible deterministic on-line algorithm for minimizing makespan on parallel batch machines [J]. Journal of Scheduling, 2012, 15 (1): 77-81.

[63] J TIAN, T C E CHENG, C T NG. Online scheduling on unbounded parallel-batch machines to minimize the makespan [J]. Information Processing Letters. 2009, 109: 1211-1215.

[64] Y FANG, P H LIU, X W LU. Optimal on-line algorithms for one batch machine with grouped processing times [J]. Journal of Combinatorial Optimization, 2011 (4): 509-516.

[65] J TIAN, R Y FU, J J YUAN. On-line scheduling with delivery time on a single batch machine [J]. Theoretical Computer Science, 2007, 374: 49-57.

[66] J J YUAN, S LI, J TIAN, et al. A best on-line scheduling for the single machine parallel-batch scheduling with restricted delivery time [J]. Journal of Combinatorial Optimization, 2009, 17: 206-213.

[67] Y FANG, X W LU, P H LIU. Online batch scheduling on parallel machines with delivery times [J]. Theoretical Computer Science, 2011, 412:

5333-5339.

[68] J TIAN, T C E CHENG, C T NG. An improved on-line algorithm for single parallel-batch machine scheduling with delivery times [J]. Discrete Applied Mathe-matics, 2012, 160: 1191-1210.

[69] P H LIU, X W LU. Online unbounded batch scheduling on parallel machines with delivery times [J]. Journal of Combinatorial Optimization, 2015, 29: 228-236.

[70] R Y FU, J TIAN, J J YUAN. On-line scheduling on an unbounded parallel batch machine to minimize makespan of two families of jobs [J]. Journal of Scheduling, 2009, 12: 91-97.

[71] R Y FU, T C E CHENG, C T NG, et al. An optimal online algorithm for single parallel-batch machine scheduling with incompatible job families to minimize makespan [J]. Operations Research Letters, 2013, 41 (4): 216-219.

[72] S S LI, J J YUAN. Parallel-machine parallel-batching scheduling with family jobs and release dates to minimize makespan [J]. Journal of Combinatorial Optimization, 2010, 19: 84-93.

[73] W H LI, J J YUAN. Online scheduling on unbounded parallel-batch machines to minimize maximum flow-time [J]. Information Processing Letters, 2011, 111 (18): 907-911.

[74] B CHEN, X T DENG, W ZANG. On-line scheduling a batch processing system to minimize total weighted job completion time [J]. Journal of Combinatorial Optimization, 2004, 8: 85-95.

[75] R MA, W LONG, J W LI. Online bounded-batch scheduling to minimize total weighted completion time on parallel machines [J]. International Journal of Production Economics, 2014, 156: 31-38.

[76] J H AHMADI, R H AHMADI, S DASU. Batching and scheduling jobs on batch and discrete processors [J]. Operations Research, 1992, 40

(4): 750–763.

[77] M MATHIRAJAN, A I SIVAKUMAR. A literature review, classification and simple meta-analysis on scheduling of batch processors in semiconductor [J]. The International Journal of Advanced Manufacturing Technology, 2006, 29: 990–1001.

[78] C N POTTS, M Y KOVALYOV. Scheduling with batching: a review [J]. European Journal of Operational Research, 2000, 120 (2): 228–249.

[79] L EPSTEIN, R VAN STEE. Lower bounds for on-line single-machine scheduling [J]. Theoretical Computer Science, 2003, 299: 439–450.

[80] R VAN STEE, H LAPOUTRé. Minimizing the total completion time on-line on a single machine, using restarts [J]. Journal of Algorithms, 2005, 57: 95–129.

[81] M V D AKKER, H HOOGEVEEN, N VAKHANIA. Restarts can help in the online minimization of the maximum delivery time on a single machine [J]. Journal of Scheduling, 2003, 3 (6): 333–341.

[82] J A HOOGEVEEN, C N POTTS, G J WOEGINGER. On-line scheduling on a single machine: Maximizing the number of early jobs [J]. Operations Research Letters, 2000, 27 (5): 193–197.

[83] R Y FU, J TIAN, J J YNAN, et al. On-line scheduling in a parallel batch processing system to minimize makespan using restarts [J]. Theoretical Computer Science, 2007, 374: 196–202.

[84] J J YUAN, R Y FU, C T NG, et al. A best online algorithm for unbounded parallel-batch scheduling with restarts to minimize makespan [J]. Journal of Scheduling, 2011, 14 (4): 361–369.

[85] H CHEN, Y P ZHANG, X R YONG. On-line scheduling on a single bounded batch processing machine with restarts [C] //2009 First International Workshop on Education Technology and Computer Science, IEEE Computer Society, 2009: 868–871.

[86] R Y FU, J TIAN, J J YUAN. On-line scheduling on a batch machine to minimize makespan with limited restarts [J]. Operations Research Letters, 2008, 36 (2): 255-258.

[87] R Y FU, T C E CHENG, C T NG. Online scheduling on two parallel-batching machines with limited restarts to minimize the makespan [J]. Information Processing Letters, 2010, 110 (11): 444-450.

[88] H L LIU, J J YUAN. Online scheduling of equal length jobs on a bounded parallel batch machine with restart or limited restart [J]. Theoretical Computer Science, 2014, 543: 24-36.

[89] H L LIU, J J YUAN, W J LI. Online scheduling of equal length jobs on unbounded parallel batch processing machines with limited restart [J]. Journal of Combinatorial Optimization, 2016, 31: 1609-1622.

[90] Z G WEI. Scheduling on a batch machine with item-availability to minimize total weighted completion time [D]. Zhengzhou: Zhengzhou University, 2011.

[91] J TIAN, Q WANG, R Y FU. Online scheduling on the unbounded drop-line batch machines to minimize the maximum delivery completion time [J]. Theoretical Computer Science, 2016, 617: 65-68.

[92] Y GAO, J J YNAN, Z G WEI. Unbounded parallel-batch scheduling with drop-line tasks [J]. Journal of Scheduling, 2019, 22 (4): 449-463.